今天穿什么

阿丫 著

北京时代华文书局

　　你身上穿戴的所有东西——从衣、帽、鞋，到腰带、包、项链、胸针、戒指、丝带、发饰，等等，这一切当中最美的，是你。你的身体、你的头发、你的脸，还有最重要的——你的眼睛。

　　莫要打扮得庸俗无聊，把自身可贵的美好破坏掉。

　　青春之美，多少金钱都买不来。请珍惜，并为之自豪。

——花森安治

推荐序

唯愿穿（活）尽疏离感

/畅销书作家　艾明雅

知晓阿丫，是她上一本书《四季行装》的责编分享出版新书给我，邀约我写一篇书评。书看完之后，赶紧要来作者的联系方式，可谓"未见如故"了。素未谋面，奉为知己。她在北，我在南，不咸不淡地偶尔线上聊几句，竟然也相伴几年了。会写的人从不故作寒暄，只要静静看着彼此"还在写"，就算作"常联系"。

说起"会穿"和"会写"，这"两粒"一旦在一起，人们自觉和女作家是绝配。所以很多人最开始将这把"表里共一"的交椅赐予亦舒，但实际上，听闻师太本人安静清素，比起爱穿，她更多的是擅"写穿"，从字里行间生生创出一个"白衬衣卡其裤钻石表"的亦舒女郎时代。真正的"文艺大神"兼"时尚icon"是张爱玲，骨子里的花里胡哨大概来源于她母亲。但她自己也是真迷于服饰的，一九五六年，她给邝文美写信，让她帮自己买一件"白地黑花缎子袄料，滚三道黑白边，盘黑白大花纽""如果没有你那件那么好的，就买淡灰本色花边的，或灰白色的，同色滚花边纽，黑软缎里子……"

如此这般细细密密的描述，常年在阿丫的文字里也可见。阿丫不爱花，但细节是最讲究的——好笑，这世间直男啊，给他两件衣服，他从来只分得清黑白色、裙子和衬衫的区别；也只有玲珑的女人，才会看出几件一模一样的白衬衣，分别是真丝、纯棉、棉麻混纺、化纤……你若问她们有何分别，女人们——啊，不，"阿丫们"，通常会这样回答你——

衣如人，真丝是谁家的千金小姐懒懒一身的起床气；纯棉是你隔壁的青梅竹马，清晨站在你家门口送一屉原汁原味小笼包；麻是你偶然回望路口，总觉得山的那头有人叫你"归去"……

你问，是如何就从这些衣服上看懂这么些意境、过往、爱恨情愁，偏偏女人们又还吃你这一套？那我想说，这就是阿丫们这样的妙人们平日的功课和修为了。想起总有人问我：那么多字是怎么写出来的？我只答：你去看。看多了，就会写了。

阿丫们也是如此：只是去看，用心看。看明白了，就会穿了。

她们看人，也看衣；又或者看衣，也看人。我印象极为深刻的，是阿丫在她的微信公众号里写过往TVB的剧目，当然用笔更多是在点评当年的花旦们。她写她们戏里戏外的命运，也写她们的皱纹，她们清瘦时分攀爬的年代和如今早茶桌边的闲散，从她们花样年华的紧身旗袍写到她们如今的棉麻裤，就这样写啊，写啊，越看越仔细，越看越透，一件衣服，竟然写出几丝苍凉。

从来有人说：不要小看女人的衣服，那是她们的人生。

但遗憾的是，这世上的人渐渐都不会看了，大多数只是"匆匆掠过"。掠过信息流，掠过商场里的欲望横生，掠过那些诗情画意，掠过那些一针一线，然后又抱怨尘世无趣，却不知道这世上之事从来如作家张晓风所说："这些年来，在山这边住了这么久，每天看朝云、看晚霞、看晴阴变化，自以为很了解山了，及至到了山那边，才发现那又是一番气象，另一种意境。"

这话也要放到穿上面才对，你只要追随着阿丫的文字去走，就会发现，这些年来，你穿了这么好些衣服，夏日里穿裙子，穿背心，冬日里披羊绒，裹裘皮，行装流转穿越四季，自以为很会穿了，及至到了第二年，又一年，再一年，才发现"穿"这件事，于己于人，又是另一番气象，另一种意境。

穿什么，年年新，年年旧。少年时喜欢逼死自己，没有水蛇腰穿不了露脐装，就觉得天要塌了；到如今的健康吃，随意锻炼，身材嘛，只是个副产品，找自己的身体热爱的衣服配着它就好了。这不是放纵，也不是懒惰，只是一种与自我的讲和，对生活和美食的热爱，也热爱任何时候的我。

所以你说，这还仅仅只跟穿有关吗？从穿什么，到自己是什么，有时候生活安逸肥一点，也有穿越幽谷的时候清瘦一点；明明去年高价买的花裙子，只因为今年创了个业就和眼神不搭了，索性换了整个衣橱。就这么一步步试，又一步步错，一步步探路，所以你说，这还不是人生吗？

阿丫的风格，其实一直以来，虽繁，却不杂。她就是那种都市里冷冷静静拎得清的女子，那种自己买花戴的女子，那种不依不靠不妥协却不冰冷的女子，那种身材不完美和我们大部分人一样的女子。所以，她穿米色针织、黑色铅笔裤，大力在精巧和细节下功夫，这一份功夫本身还原在衣服上，就已经和那件衣服没关系了。

前几天，我在咖啡馆看到一个四十岁左右的女人，白衬衣卡其裤的平淡无奇，匀称身材，却"偷偷"在脚上穿了一双桃心Gucci，丝毫不违和，我几乎是被击中了。"那一瞬间我仿佛触到了这世上的一点东西，看明白了这世界上的一点东西，心里软活得很"。

这时代给了女人自由。这自由就是从穿的自由开始的，从四十岁的无定义开始的，从那身规整的衣服却能搭上一双俏皮的鞋子开始的。瘦不瘦不重要，年不年轻不重要，衣服贵重不贵重不重要，我还快乐最重要，我还健康最重要，一个四十岁的女人，还能穿、会穿、懂穿最重要，我不在乎那些规条最重要，不必完美，不必热闹，心静自然凉，神清气爽最重要。

别人要热闹；美满的细节，是一份疏离的骄傲。

最终在这份疏离里，完成她说的高级感，也是我心中的"自持"。不流俗，不妥协，不胆怯，和那些锣鼓喧天般的潮流保持着最后一丝疏离感，完成（穿出）一生的自得其乐。

自序

嗨，你今天穿什么？

我最近在看二十世纪九十年代的TVB老片。《创世纪》里饰演豪门贵妇的汪明荃，以及她的"千金女儿"陈慧珊，从头至尾，拎的包包只是标志性的几个，风格很像，规矩，长方形或者正方形；论及衣服，汪明荃的家居服是熟悉的两套，而至于出街服，六十五集的全部剧情，加上晚装，统共超不过二十套。

这已算是多的，看看她的"女儿"陈慧珊，满打满算不会多出十套，你会说，这是剧组经费问题？我想更多的是年代风格问题。如今的时装剧，几乎成了"带货工具"，女主角、配角们，恨不得上午、下午、晚上都是不同的装扮，美则美矣，却多多少少也失了生活的本色。

真实生活不会如此啊，即便是富甲一方的人，即便是一眼望去从头至脚都对衣服有要求的人，也断不会走马灯式地换衫。尤其，你我同是读过书、旅过行、有些见识、为职场打拼的都市女子，岂会像交际花或者金丝雀般频繁地换衣衫？不禁感喟，相较如今的时装剧，那个年代的TVB剧更能还原我们爱衣人的生活日常。

今天你穿什么？提出这个问题，我想大多时候，心情问题会多过衣服功能上的问题，风格问题会超于潮流问题。越是"骨灰级的穿衣精"，越不屑今年的流行色是什么、今年什么是爆款。爆款？与我何干，我只穿像我的衣服。

像我的样子，像我今天的心情……豪门贵妇有豪门贵妇的穿衣风骨，职场白领有职场白领的穿衣喜好，都在传情达意，都在表达自己，哪怕是行了低调路线的"穿衣精"，何尝不是在用一份低调表达自己的内心戏？在那些看似不张扬的黑、白、灰里，在那些看似差不多的基本款当中，真实上演的，是穿者本人的丰富内心戏，那其中存了太多的差别，万语千言，潜藏在那一整橱、那一整室看上去差不多的衣衫里，千言万语，道不尽一串珍珠、一双八厘米高跟鞋的气韵与风流。

也正因此，今天你穿什么，明天你穿什么，后天你穿什么……不见得是想象中的花枝招展、花样翻新，却饱含了女人生动的心得故事，故事越丰盈，感触越深刻，对那一件白衫、一条西装裤、一袭长袍的台前幕后、前因后果也就多了亲人般的体会。

如此这般，又何须忙乱着不停买新衣、换新衣呢？像"汪明荃、陈慧珊们"那样，知自己、知衣衫，每一件不是只穿一次的昙花存在。我相信真正的"穿衣精"穿到后来，都能做些断舍离，同时，给自己的挚爱们穿出不同的花样。纵然，那看上去就是一件普通的黑衫、一条司空见惯的开司米披肩，可它们也是会穿成身体一部分的东西。衣服穿成了自己，也就真的修成了自己的风格，而这个风格，宇宙独一份，独属于你。

特奉上这本《今天穿什么》，跟你说一些跟衣服有关的内心戏，它们跟心情有关，跟个人风格有关，跟女人成长有关……假如你以为这是一本时装潮流穿搭手册的话，那你错了，倒不如去买当季的时装杂志看个过瘾；而假如，你需要一份绵长的穿衣故事，需要一份懂得，那么，我想你可以闲暇时候拿它出来翻一翻。我希望它是一本爱衣人能看上一年、几年，甚至更久的时装笔记，正如我们年复一年愈浓愈深的穿衣体悟那样，衣服，已然不只是衣服的价格、品牌、轮廓那么简单了，而是关乎风格，关乎成长，那是你我无可复制的我们自己。

今天穿什么，嗯，就穿成你心底今天最想成为的那个样子。

CONTENTS
目录／今天穿什么

CHAPTER 03　有一种美，叫美得高级

CHAPTER 06　美是一种内心能量

不论年龄如何增长，都不要把自己当成母亲、妻子，等等，而是把自己当女人，让自己随时保持散发魅力的状态。

——山本耀司

CHAPTER
01

今天
穿什么

了解你自己，了解你的身体

你是不是经常有这样的苦恼：想要买一件漂亮的衣服，却盯着镜子里那粗壮的肩背、圆融的腰身、粗短的小腿，绝望地喊着：这身材太难看了，怎么可能穿得美？！

我们太容易对自己的缺点揪着不放，一来二去，反而忽视掉自己的长项。

是啊，我相信你一定有自己的长项。比如，对自己的身高和体重都不满意的人，说不准，你有一双很不错的长腿呢？想想看，印象里，你是否曾经被不少人夸奖过"腿还挺细的，穿靴子真好看"之类的话？

只是可惜，这些话被另外一些话掩盖了：我要再瘦二十斤，我要让胳膊没有蝴蝶袖，我要腰身有曲线……

紧盯着自己的劣势不放想要改变，当然是励志的，可真的是太难达成了。假如你把精力都聚焦到这里，一来，你会很不开心，二来，你真的会忽略上天赐予你的身体优势。

我身边就有这样的女孩，一直在努力减肥，一年下来，并未见她减掉多少，还是个胖胖的女孩，还在穿肥大的衣服，含着胸，露出一种外形上的不自信，可我也已经跟她说过好多回了：你的腿好美啊，穿裙子，或者是紧身裤，都会瞬间"瘦"十斤。

可以吗？这当然可以。

我自己其实也是时不时忘记自己长项的人，总嫌自己腰不够细、腿不够长，会挖空心思琢磨怎么掩盖腰不细的事实、如何让自己的腿显得再长一点点，却忽略了一点，腰不细、腿不长的我，也有其他迷人之处。就比如，我的脖颈是长的，胳膊也算是细的，肩和胯的比例不错，很抬衣服，尤其是那些欧式的西装外套，穿在身上自带气场。

这些曾被身边朋友赞扬过，而我，却只是一笑而过，转而把精力聚焦在如何掩盖缺点上。

这往大了说，是可以上升到处世方式的。你是一个扬长还是避短的人？对于做事情，我们大约都已有了智慧吧，与其总是"避短"，不如试试"扬长"，说不定会给你带来意想不到的惊喜。

而对于自己身体上的长处、短处，其实同样可以借鉴。

假如胸型很美，那就多穿勾勒曲线的修身衣；假如你是腿长且细的人，就多穿裙装，露出你的修长美腿；假如你脖颈蛮漂亮，就多露脖颈吧，那些短脖子女孩不敢穿的堆堆领、高领衫，可是你的强项。或者，就只是空着亮出脖子，衬衫解开几颗纽扣，变成V字领，露出脖颈和迷人锁骨，那可是《英国病人》里浪漫男主角口中的"艾玛殊海峡"啊！

衬衫啊，"甜"穿制服，"冷"穿真丝

女友来工作室，一开门，顿时就被她惊艳到。

那是个待人和善、笑容可掬的女孩，每次，我看到的她几乎都是身着掐腰连衣裙，或者复古碎花裙的乖巧样子，合着她眉眼弯弯的喜气，也真的是叫人喜欢。

这次则不同。骄阳底下，她穿件oversize制服白衬衫，隐隐约约，你能看到衬衫下搭的白色牛仔热裤，一双美腿，脚上是一双白色穆勒拖鞋，是的，就是最近超流行的穆勒款拖鞋。

也太帅太好看了吧！

容易激动的狮子座的我立马疯狂称赞起来：可爱女生穿成帅帅的样子更性感啊。

对方笑得眉眼更弯了，那一身又硬气又清爽的白色，在她的甜美面孔、可爱刘海和一双美腿的映衬下，熠熠发光。

说起来，我是很少穿这种oversize制服感白衬衫的人，我穿得更多的是真丝白衬衫，还有其他各种各样的真丝衬衫。那天，坐她对面的我，穿的也恰巧是一件很像我的藏蓝色真丝衬衫。

一个制服白，一个真丝蓝，亲爱的你，平常爱制服衬衫还是真丝质地多一些？或者两者都爱呢？假如是两者都选、难分伯仲的话，那么你多半是收放自如、风格多变吧？至于大多数的寻常人类，我想，还是会有一些风格上的侧重的。

以我的经验来看，反差带来的美感会比一顺到底看上去更精彩。具体来说，那种长相甜美的、乖巧可人的姑娘，比如我女友那种，穿大一号的制服衬衫，帅气的样子就很棒。当然，不是说她穿不得柔美的真丝衬衫，她平日里我看得最多的就是那种优雅熟女形象。

那种看着很漂亮很女人的装扮和真丝衬衫呈现给人的精美好看是如出一辙的，而对于她的脸庞、她的风骨而言，则没有更多的加分。

好东西吃多了会觉得腻，一种风格太强化了，也会觉出一些乏味来。美则美矣，就是，缺了那么一点点东西，又帅又酷的东西。

同样，面孔本就棱角分明的个性女神们，在我看来，最佳选择则是真丝衬衫，真正精彩的穿搭是混搭风格带来的。

帅气、大气场的人，用柔软真丝中和掉自己身上的强势味道，以一种柔性的美感表达自我，那会让观者看着放松，且有一种精巧美。

女人，无论你是哪种风格，无论你穿什么样的衣服，也是不能丢了那种精巧细致的。

柔软女子，可爱女生，可以时不时来点率性阳刚；高冷女神们，也别忘了用真丝质地添些柔软给自己。

对着镜了，看看自己，再看看你的衣橱，嗯，风格立辨了。

长大衣的优雅绝配

作为一个宁穿长不穿短的小个子，我对长大衣的爱那是真心实意的。

却也遇到一些困扰。你也知道，长大衣金贵，羊绒长大衣更是如此。某日，我穿起一件羊绒长大衣拎包出门，被迎面而来的朋友说道：丫姐，这一身可真贵气。

我当时就懵了。贵气，这分明是老气的同义词，怎么会这样？究竟为何如此？

我把这个问题抛向身边一位天生敏感、以美为终身事业的女朋友，她不费吹灰之力就给出了答案：穿长大衣时一定不能拎你爱的那种大包啊，包务必要小。再还有，你爱平跟鞋吧，没问题，但务必是尖头的，那样会看上去年轻又时髦，否则，圆头、方头，都容易显得老气。

的确是，我拎着能装得下电脑的硕大公文包，踩着我的方头裸踝靴，然后，再配上毛呢阔腿裤、长大衣，果然是坐实了"贵气"和"老气"。

换包，换鞋，隐隐地，我知道女友说中了要害。

这一诊断让我心服口服。要说，敏感这回事，真是天赋，所以我一直不相信所谓的形象顾问，见过的大多数形象顾问身上除了匠气，没有更多说服力。像女友这样的明眼人，没学过什么色彩知识、穿搭知识，也一样是资深造型专家。

而她所说的那种搭配，其实你看老照片，就会马上有答案，这是二十世纪三四十年代的女人们都熟稔于心的搭配定律，只是，被我们轻飘飘地带过了，没去深想，长大衣，包括长裙，都是配上小包、尖头鞋才在调上。

只能说自己的反射弧还不够长。我也是看过不少街拍的人，却只是觉得，街拍嘛，当然是为了拍照才这样穿，殊不知，现实里同样如此，就是小包、尖头鞋配长大衣更好看。

你的小包可以拎在手上，可以挎在肩上，可以夹在胳膊下……曾经，我会觉得，身为在职场上摸爬滚打过来的人，怎么能让自己这样？这种姿势分明就是养尊处优女孩的专利嘛！

某日，晚间赴饭局，穿了长大衣的我，怕对面那个背着电脑包、穿一身Hip Hop风的男性友人不自在，于是，就给自己配了一只长链小包赴约。那是我照顾对方感受的所为，却也让我发现，那是我穿那件长大衣最美的一次。

你的运动T恤太好看了

多年未见的女友来访。她是个从我们认识的时候就爱购物的人，而且，她是天生会穿衣服的人，没多少钱的时候，也会让自己穿得像当地的"凯特·莫斯"。

小朋友们或许都不知道凯特·莫斯是谁了，看看当年的CK广告，就能领略凯特·莫斯奶奶当年的风采。

我身边的这位"凯特·莫斯"，戴白色双层针织小帽，身穿奶油豹纹的Balenciaga长外套，外套脱下来，一件Nike的长袖T恤，一条紧身黑裤，脚上一双灰色平角Celine短靴。

不禁感叹起来，真是减龄啊，再看看我身上的羊绒衫，在乍暖还寒的春日里，似乎变得跟不上季节，与她坐在一起，仿佛自己老了十岁。

我开玩笑说：欢迎表参道的L女士回来。

是啊，清瘦的她，摩登元素赤裸裸展现，都市风，现代感，很像我们都爱的"表参道风格"，那个奢侈品大牌林立的街区，每家店都设计得极简又有"外太空感"，而L女士的豹纹、针织帽、平角短靴的搭配组合，就是我心目中的表参道风格。

大牌加身并不是重点，而是她穿搭上的趣味。很少有女人会穿豹纹大衣吧，会担心豹纹太浮夸，显得太奢侈了吧？其实用一点点针织，再用上些运动元素，豹纹就瞬间变活泼了。至于颜色，选用那种柔和的简练色，是的，就是一色的，淡化掉让你担心的豹纹天生的浮夸拜金感。

如今，运动风真是愈演愈烈了。假如这个时候，你还不会用球鞋配你的时髦行头，假如你还只是真丝、羊绒、细高跟……那就需要补习时尚知识了。

尤其是运动T恤，带着传统运动品牌logo的T恤，放在以前，这是你的时髦装备里想都不会想的东西，Nike、Adidas、Puma……太普通了，跑步健身时才会想起来，或者，那种天生喜欢穿运动裤、球鞋的女孩才会当作真爱的东西，对于大多数时尚分子而言，最初是难入法眼的。

潮流哗啦一变，突然间运动老牌们又重新火了起来。运动风是当下时髦分子们都会亲近的东西，纵然你不走帅气、动感的路线，懂得用运动元素调和你的优雅、高级衣橱，也是必须会的动作。

像女友这种，用标着硕大Nike标志的T恤配她的豹纹Balenciaga，嗯，或者羊绒大衣也行，都会让原本只是金贵、高级的东西，看上去充满活力。

衣着上的活力感，是无论年龄几何都要具备的东西，二三十岁时信手拈来，四十往上，可以用一些T恤、运动紧身打底裤、球鞋，或者有运动感的包包来搭配，都会有一种顺理成章的活力注入。

品牌现在都变年轻了，要为自己找寻点恰当的运动元素是容易的事情。传统的像Nike、Adidas，或者再时髦点的Lululemo、Under Armour……身上只要带一点点这些符号，你就坐上了时代的顺风车。

像大牌们，带有Gucci logo的T恤被穿得满大街都是了。我今年很爱LV的黑色有松紧带的高跟鞋，说是松紧带，其实是根黑白相间很像运动裤上那种的带子，做在端庄的LV黑色高跟鞋上，顿时就不一样了。

至于Balenciaga，这个品牌在运动元素这条路上义无反顾地狂奔着，他家的三角包，好像运动场上教练员的工具包，而彩色条纹拎包，当年LV做过，被Balenciaga优化升级之后，更小巧，也更像女人们"玩运动"的道具了。

是的，"玩"运动，真正爱运动的女孩能有几个呢？坚持运动不是件容易的事，姑且先从衣服开始吧。

穿羊绒，做个温暖的大家闺秀

门口等车，遇到几位正打算出门的女孩，刚到门口，就退了回去，定睛一看，穿衬衫、羽绒服的她们，显然经不住这突然变冷的天气。

还是要穿厚实一点，人暖暖和和的，面相上看着从容有温暖感，脸上呈现的也不会局促难看。

金韵蓉老师说，女人最好让自己始终保持一份暖意在脸上，没事多发"yi"的音。其实是要你别忘记笑起来的样子，面部轮廓往上提，女人才不会过早地被地心引力打败。

天命不可违，面对天命，请奉上一张微笑的脸，想来，老天爷也是会善待你的。

隆冬时候，一定要穿羊绒。我是标准的羊绒控，曾经在我的《人群中，你就是那个"例外"》里提过羊绒：囤羊绒，就是囤积安全感。身上暖和了，人也会变得心安、舒展。羊绒贴身，那柔软的质地，如婴儿肌肤一般，柔柔糯糯的一层贴在身上，满满的幸福感。

在最近的"羊绒词典"里，我最爱的是那种肥大的、豆沙色的羊绒。宽大的一件穿身上，整个人便透出一种舒适的慵懒感，即便室外温度急速降低，有这样一件羊绒傍身，也会悠然间从容很多。享受这种软软包裹自己的体贴，好贵好高级。

灰色的羊绒也好，那是我的挚爱色，选羊绒，尽管灰色会叫敏感的我多多少少觉出一些冷意来，可是作为配搭，我还是需要这种灰色羊绒的，搭同色系大衣，或者难得穿白色裤子的时候，灰色比黑色更好用，品质灰，永远没有错。

还有暖暖的白，有种糯糯的质感，看着就暖和。近年流行的高领款式，那种肥肥厚厚的高领，是我的心头好，穿起来，把脸往领子里塞，那种向羊绒索爱的感觉，就像乖巧的小猫在讨好你。

买羊绒，宁买大不买小，买小了，穿在身上会显得小家子气，你可以说是故意为之。直筒筒地套身上，自然没问题，但对于个子不高的女生来说，比例上还是要顾忌一下的。塞起来穿吧，就那么轻轻塞一下边缘，相信我，这是羊绒最时髦的穿法。

除了羊绒毛衣，我一直在"蓄谋"的，是买一条羊绒连衣裙。膝盖以上的娇俏，膝盖以下的大气又保暖。只是，穿这种长款羊绒裙，腰间小赘肉是要减一减了，本就是软糯的东西，很难帮你修身收腹。

再次证明一点，要想美，自律是关键。Keep家的广告说得真好啊，自律给我自由。自律，也助我美貌长久。

懂得穿铅笔裙的女子大有前途

和女友午餐，我穿一条蕾丝铅笔裙，搭带帽拉链衫，女友啧啧说：你瘦啊，这裙子我穿不了。

怎么可能？眼见她，世界五百强公司的部门总监，笔挺职业装，高级干练，虽是西装、衬衫加一步裙标配，可我好喜欢那些优秀公司的职业装，尤其，一步裙，不就是短了一些的铅笔裙吗？

这样的职业装，和时装只是一步之遥。你说，我腰上有赘肉啊，穿不了这裙子。在这里掏心掏肺跟你讲，"游泳圈"这事儿，是全体三十岁以上女人的公敌，公敌面前，那些浪漫伞裙、百褶裙，我就不推荐你了，铅笔裙才是业界良心，熟女们，必须要有铅笔裙。

曾在书里说：懂得穿铅笔裙的女子大有前途。这话好虚张声势，可我有时偏偏就爱这种虚张声势的言辞，表达真心，到位得很。

你看维多利亚·贝克汉姆，她是铅笔裙的代言人。走女强人路线的她，经常是衬衫、铅笔裙、十厘米细高跟。步伐铿锵的维多利亚，如今是众多女子的励志典范，身上那条不动声色又有犀利大气场的铅笔裙，就是她的符号代码，那里有智慧，有决绝，有坚定不移，有掷地有声。

作为一个深爱铅笔裙的人，要和你分享的是，你担心的那些腰间小赘肉、小肚腩，在修身铅笔裙的遮掩下，通通不是事儿。腰间收紧，侧面看，顶多小腹微凸，但这真的无伤大雅。一点点小肚子有什么了不起？那是熟女才有的性感。

假如你真的过不了心理关，就用长一点的上衣做遮掩，而铅笔裙的修身下围，则看上去修长又有型，利落风范，就在这克制有度之间。

秋冬天，穿大衣、夹克、羽绒服，一条铅笔裙会派上大用场。大衣里面常是一件衬衫配一条铅笔裙。爱毛衣的人，用它搭粗线或者细腻针织毛衣都适宜。没有做不到，只有想不到，卫衣、带帽衫，也通通可以与铅笔裙搭一起，你说，这么可亲可爱的裙子，不是真爱？不能够啊。

毛呢面料衣服是秋冬天的基本款，如今格外流行长至膝盖以下的毛呢铅笔裙，上装短一点，或者干脆塞在腰里，踩上高跟鞋，就可行走江湖了。

我的一位勤勉能干的女朋友最近爱上了皮革铅笔裙。从小就是老大感觉的她，一袭长发，招牌笑脸，然后，穿铅笔皮裙、矮跟浅口鞋，气宇轩昂。

你的内心，越是靠近什么材质的铅笔裙，似乎你越靠近哪种性格。

爱皮裙的女朋友是女中豪杰；爱呢子质地的，则多出不少的文艺情怀。冬天里，那些漂亮迷人的蕾丝铅笔裙，真是美啊，与厚的毛衣、大衣搭起来，一厚一薄之间，妖娆婀娜，刚柔并济。

叠穿，一场考验胆量的时装游戏

风格大于对错，这是如今你穿衣服务必不能忘的心法。

就比如说，这愈演愈烈的"叠穿风"。叠穿——以一种看似无知者无畏的精神，将衣服一件一件套上身，原本还说，这只是走秀时候看看罢了，或者，是那些时尚潮人街拍时的把戏，但当我身边的"时装精们"跟我绘声绘色地说起Balenciaga的秀场，当她们开始组合着左一件右一件单品的时候，我知道，她们已经当真了。

叠穿，典型的风格大于对错的穿搭方式，相信造型顾问们会摇着头说，一层叠一层穿出来，这不合逻辑啊，摆明了臃肿啊。可有点人生阅历的也会说，这就应了那句话，大道无形，没有真正的金科玉律。佛家说，观自在，由着性子把衣服套身上，真的是太自在了。

说是由着性子，当然只不过是表象，越是这种看似无章法的、复杂的穿搭，越需要更高的审美和更好的平衡感。一种潜行的规律贯穿在里面，目的只有一个——不能够乏味，要有风格，彰显出不一样、有趣又不违和的自己，这是时装的精髓所在。

这样的叠穿，和你单穿一件V领衫，或者一件系紧纽扣的白衬衫风骨是完全不同的。单穿一件，是以底色取胜，以线条取胜，以你的身体和这件衣服单纯的化学反应取胜。叠穿就不一样了，那仿佛是组合拳，衣服们以一种看似的无序成就混杂之中的美。爱上叠穿的你，很快就会发现，有味道啊，这和单穿时候的好看是两码事，隐隐地，你会领悟到当下的时代精神：打破，颠覆，跟约定俗成挥手说再见，同时，又长出新的奇妙物种，开出奇妙的花来。

沿着这条线，你去生活，你去闯天下，我都相信你会找到大批的同道者；而沿着这条线去穿衣戴帽，那就和"90后""95后"，甚至"00后"的喜好接轨了，人会挣脱一种"老气"，忘记年龄，如今要的就是这种"不做传统地球人"的劲儿。

尝试叠穿，我建议你一点儿一点儿来，从最简单的入手。叠穿，并不是T恤配外套的那种叠加，那还是属性不同的两件衣服的穿搭。叠穿，与前者很显眼的一个不同是，明明可以只穿一件，却"画蛇添足"非要多穿一层，比如，一件高领衫之后，再加一件白衬衫；毛衣完全可以单穿配外套的时候，里面非要多来一层T恤衬边。这多出来的一层或者两层，就是画龙点睛的一笔，味道全在这上面，你去品吧，敏感的人会意识到，的确是不同，尽管就只是多了一个边，或者多一道衣领。

胆子大起来之后，你可以尝试更大件的叠穿。比如，夹克与风衣的叠穿，一短一长，套在一起穿出门，甚至是，两件长的套一起：针织长风衣外面再披一件oversize卡其布风雨衣，运动开衫外面再来一层西装外套、冲锋衣。

看看越来越向"95后"靠拢的Balenciaga，你会找到类似的穿搭，廓形虽臃肿，但那搭配的颜色、材质上的变化又是真的漂亮，只可惜，小个子没有发挥的余地。可打定主意要这么穿的小个子女朋友说，踩高跟鞋吧，海拔有了就好办了。

顿时给那些逐渐被我冷落的尖头细高跟鞋找到了出路，和这些"俄罗斯套娃们"搭在一起穿，露出纤细小腿、头重脚轻、上宽下窄的模样，连鞋子都变得有趣了。

夹克外面套风衣，风衣外面套大衣，大衣外面套羽绒服。话说，羽绒服叠穿羽绒服你试过吗？去年冬天我特别着迷于此。

叠穿，就是一场考验胆量的时装游戏。

解救长腿女孩的衣橱枯燥感

我一直以为，那些拥有大长腿、又高又瘦的女孩是没有穿衣困扰的——随便怎么穿都好看啊，这是多少人都羡慕的事，再说有苦恼，好矫情，是不是？

那天却发现并不是这样。和一位女友聊天，她是典型的又瘦又高的长腿女孩，而且，她还有一头及腰的长发，天生的茂密自来鬈，自带波浪。

我是特别不敢跟她合影的，身为五星酒店的部门总监，她穿西装、西裤、铅笔裙，简直就是我梦寐以求的样子。可她却跟我抱怨说：我没有衣服穿啊，看看衣橱，除了T恤衫、牛仔裤，就是T恤衫、牛仔裤……

连衣裙呢？花朵图案的根本不可能近身。是的，我看她，也的确是不适合。修身的及膝连衣裙呢？依旧还是OL风啊……

顿时明白了她所说的"匮乏"。

如她所述，她的日常，除了T恤衫、牛仔裤，就是简练OL风。没错，这当然也好看，可架不住那句话：再好吃的东西，顿顿吃，也会腻。

因此她才会为坐拥着小个子向往、艳羡的高挑好身材而苦恼：看看你们巧笑艳歌的，什么造型都可以尝试，我个子太高，很多具有风情的东西一上身就变得不伦不类，这，真是消解我做柔媚女人的特权啊。

不禁觉出责任重大，而且，平日里虽经常在各种"疑难杂症"里打转，还真的疏于关照长腿女神们。就借此机会总结一番，希望对有相似苦恼的你也有用。

解救长腿姑娘们的衣橱枯燥感，第一条，你务必懂得那些全长尺寸阔腿裤的好。

在夏天，真丝质地或者是棉麻质地的阔腿裤很实用，拿来搭T恤，或者是白衬衫，简单又利落。要职场感的，就选硬挺的西装面料，而那些真丝之类的，则是扮演洒脱柔情的高手。当你学好利用起这不同材质的阔脚长裤，起码你的衣橱枯燥感会消减很多。

而全长尺寸的牛仔喇叭裤仿佛就是为大长腿而生的。不要小瞧这条裤子，不要以为它只能搭T恤，用它搭衬衫也可以啊。觉得造型太中性的时候，大可用真丝衬衫来配大喇叭裤，轻松间添上一份精致美感，却丝毫不会辱没你一直以来的干练风骨。

是的，说到这儿，作为一个走简洁利落风的长腿女孩，要想显露一种大方的精致美，真丝衬衫是你一定不能错过的。不同于那种柔美的、小女生感觉的飘带款，男友风的真丝宽松衬衫像是为你量身打造的。解开三两颗纽扣，休闲时候配牛仔裤，上班时候配铅笔裙、长西裤，都比你的制服衬衫要更多一层精致时髦。

除衬衣外，你还可以试试各种质地的长款上装。大长腿，穿长衫会比穿短衫更好看，不管是长款西装，还是长款针织开衫、长款马甲外套，都比同类型同材质的短款更像是你们的衣裳。当然，长款也是天生比短款要自带女神气场的。女友跟我说，她很爱那些纯色的、短款的对襟开衫，顿时让我有种浪费了好资源的感觉。

作为一个长腿姑娘，要想给衣橱平添一些得体的趣味，请赶紧给自己来上一件真丝材质的oversize长风衣。就是那种很中性的一色风衣，大大的、垂垂的、慵懒的，却又是很细腻的样子。

这种真丝风衣长腿姑娘们穿起来真的是太抢眼了，连我这种身高一米六的人都不怕显矮，勇敢穿起这种肥大款，腿长又瘦高的你，当然更驾轻就熟了。

有了这样一件风衣加身，你会发现，在原本T恤配牛仔裤、真丝衬衫配西裤的基础上，又多了一抹都市摩登味。

这还没算完，我姐们儿说，教教我，该穿怎样的连衣裙？除了制服OL风，那些花花的，不好吧？

是的，那种太女人、太小女孩气的，不是你该碰的东西，休闲时候，我倒是建议你不妨踩着平跟鞋，穿一条一色的、长款的真丝长裙，或者微微收腰，设计上尽量摆脱复杂款式，越简单越好。

至于半身裙，我是真喜欢看长腿女孩们在长长的外套下再穿一条长长的半身裙，感觉这样才不浪费天赐好身材，像我这种个子不够高的，也极喜欢这样穿，长腿姑娘们穿，就更对路数了。

那么，你选的衬衫、长裙，最好不要同时都是棉麻的，那样尽管很随意，却也少了熟女该有的精致美感。已经足够随性了，面料最好选质地金贵些的，会显得自在又低奢。

"大长腿们"的优美高级感，真是让人艳羡不已，衣橱又怎能枯燥呢？赶快操练起来，让我继续羡慕你们，对你们仰视，仰视，再仰视吧！

职场新人究竟应该怎么穿

　　一天，有姑娘跟我诉苦：刚刚被老板嫌弃了，说我着装不当。她问我：职场新人究竟该怎么穿啊？

　　这是个老话题了，原本以为没什么好说的，可看到女孩的困惑，再想想最近发生在我身边的事，深感还是有说一说的必要。

　　我身边就有活生生的例子，不太在意职场穿着的"90后"同事在和我工作了一段时间后，发出这样的感慨：丫姐，你让我知道了不同场合该穿不同的衣服。

　　本来有些诧异，我并没有和对方说太多，因为现在的工作室属性已经与传统意义上的职场有很大不同，连我自己的衣着都不算是严格意义上的职场着装了。

　　可当你在工作室开会、与客户见面商谈，或者是出外勤的时候，对衣着的要求的确还是有区别的。

　　就算我们从事的是品牌服务、创意行业，也总有需要展示自家品牌形象的时候，我可不希望我的团队穿得五花八门跑去见客户，我也不喜欢我的队友穿着拖鞋就来找我开策划会。

没有规矩不成方圆，且，职场风格在我看来，那是另外一种美，美得很高级，很脱俗。

姑娘又问：能否推荐几个品牌？

像Zara、H&M、优衣库、Gap，以及略贵一点点的COS、 Massimo Dutti，你都能从中找到恰当又体面的职场装。

然而，品牌推荐倒是其次，关键是你要知道该从中挑选怎样的衣服才是符合职场规范的。这种职场规范，不是你想象中的制服、西装，仿佛必须是白衬衫、黑西裤，或者再加件西装才是职场着装，这确实是其中一种，可即便这一种，也是有区分的。

看过热播电视剧《我的前半生》的人，会对唐晶小姐的职场表现印象深刻。你看唐晶穿黑西装、白衬衫和黑裤子，会羡慕地大喊：哇，好高级。可同样的搭配，你再看生活中每天都能见到的上班族，差别究竟在哪里？职场装到底怎样穿才能得体又精致？

以十几年的职场经验，分享一下我的体会。

职场里的衣服，轮廓必须是极简的。衬衫也好，连衣裙也罢，利落的线条是突显你职场专业感的首要条件。以唐晶小姐为例，她的职业装，就充分说明了这一点。而其他的经典职场剧，《纸牌屋》《傲骨贤妻》中，女政客、女律师们的衣着也是如此。《欢乐颂》第一季，衣服还没穿得走火入魔的安迪，其实也是如此。外部轮廓带出的利落笔挺，是职场衣着的第一要务。

颜色上的学问，黑、白、灰、蓝是标配，一色会比图案、花朵更适合。当然，这也有例外，你也经常能看到除此之外的好看的职场穿搭，但无论怎样，那些颜色一定是沉稳的，是能镇得住场子的。

那种动辄荧光绿、动辄少女粉的衣服，平常穿穿倒也罢了，职场里，要体现团队专业度的时候，这是大忌。不要怪你老板看不惯，哪天你自己做了老板，相信你也会排斥。

尖头高跟鞋是最有职场存在感的鞋型。这不是说头越尖越好、跟越细越好。任何的"过"对职场而言都是荒谬的，一个讲究理性的空间，一个靠规矩行走的地方，"过犹不及"这四个字要切记。

关于尖头高跟鞋，你可以去选那些不温不火的小尖头，鞋跟不是特别高，也不是格外细的鞋子。那种跟高十厘米的、尖头的、存在感特别强的细高跟，是适合走红毯的，平日里，踩这样一双鞋在办公室里行走，你想怎样？是把办公室当秀场吗？男上司还好，女上司，分分钟把你拖入"黑名单"。

包包尽量选大一些的。毕竟，小包连个体面的工作记事本都放不下，当你把记事本揉搓着塞进包包里，又揉搓着拿出来的时候，你的职场形象就大打折扣了。纵然我们早已不再"打鸡血"般说什么"用大包，装下你的梦想闯世界"，可起码的职场风范还是要有的，大大方方一款包，对职场人来说是必要的。

或许你会说，这样是不是太严肃了？并不是我倾心职场风，恰恰因为我深爱这种穿着的时尚美，而且，它又能和俗脂艳粉们轻易划清界限，那是你买个奢侈的包包、戴个价值连城的首饰难达到的高级精英派头，而要做到这些，以下几点有必要了解一下：

首先，用你利落的基本款与一些不是很过分的柔美配件做混搭。

比如，一件黑色西装，内搭一件真丝的、有飘带点缀的白衬衫；穿黑色西装裤的时候，上衣也可换成白色圆领T恤(当然，这只适合非正式商务的场合)。不同的行业对职场装的要求不同，除了那些规定穿工装的，如今大多数职业，还是适合这种混搭的。

其次，细节点缀不能少。

说回唐晶，她那些精巧配件真是动人，让原本素雅的职业装变得生动又精彩。简练轮廓的首饰，一条极细的项链，一枚小耳钉，珍珠，或者是钻石，不要那么多，只要一点点，这样的微小点缀，会把整个人衬得得体、干练又精巧。

当然了，要体现精巧感，有些物件以外的细节也是要注意的。比如衣服不要有褶皱，材质优质一些；头发干净利落，那些太前卫或者太复杂的发型就算了吧，请参考下你爱的职场剧里的样子。

再次，我比较难接受穿着洗练职业装的同时，却做着水晶甲、花样指甲。指甲干净，简单的珍珠色、肉粉色就是职场人士得体的细节美，一旦变得雕梁画栋，就真是出戏了。

最后，女导演索菲娅·科波拉是在我看来时尚感与职场身份结合得极好的一位职场偶像。她穿衬衫、西装裤、圆领毛衫，都不会觉得老气，那其中的斯文精巧，值得职场中人好好去借鉴。当然了，她有得天独厚的优势——瘦，瘦的人的确天生有优势，尤其是穿职业装的时候。

T恤的八百万种穿法

T恤算是时装吗？T恤值得说吗？

我一直觉得，能将T恤、牛仔裤穿得好看的，才是真正的时髦人。简简单单，一件白T恤，一条丹宁蓝牛仔，身材要好，气场要足，然后，成就简单的时髦腔调。

T恤是一年四季的时髦必备品，夏天单穿，春秋天加个外套开衫，到冬天，也别把人家当过季衣服收入衣橱底部。

特别喜欢那些懂得用T恤叠穿毛衣的男男女女们，只露出上边缘或者下边缘，黑毛衣露出白T边，棕色毛衣衬同色系，或者灰色。那些耀眼的荧光色，特别适合去配低调的毛衣，酱紫配荧光粉，墨绿配蒂凡尼蓝，棕色配姜黄……如此这般，衣橱里的T恤可就要"大显身手"了。黑、白、灰是基本色，时不时来点调皮的彩色，少女粉、清新蓝，或者墨绿、酱紫……油画上的深邃颜色，变作T恤，那是特别好配搭的存在，纵然一条牛仔裤，配它们，也会神采飞扬。

至于那些带着品牌logo的运动T恤，或者可爱图案、诙谐涂鸦的T恤，是"减龄神器"。最近很着迷的是用运动品牌的T恤配偏正式的外衣——羊绒开衫、棒球夹克，或者大西装……不懂得这样穿的人，很抱歉地说一声，你落伍啦，时髦分子又怎能不会用这些幽自己一默呢？

只有年少时拥有年轻，是件可惜的事。

——萧伯纳

我们为什么
要穿得体面

我们为什么要穿得体面

罗振宇一分钟晨聊：那些让你看上去体面的东西，对你的真正用处，不是让你变得更好看，而是变得更自律。

体面，这个如今在谈论穿衣时常被拎出来说的词，你有没有想过它存在的意义？换句话说，我们为什么要穿得体面？

我把这个问题抛到朋友圈：我们为什么要穿得体面？

答案很精彩。

有人说，因为其他方面的体面第一眼并不能看见；有人说，穿得体面，内心就会油然而生出一种自信；还有人说，少了一些麻烦，省掉一些口舌。

我想，大家所说的，其实是同一个意思。做人，我们当然希望自己体面地生活，但做人体面不是一眼能看出来的，起码，一个体面的外在，可以联通自己与同类。

那么，怎样才算穿得体面呢？

首要是干净吧，再者是要舒服，然后，质地精良、板型出色，整个人就看着很体面了。即便你穿多么身价不菲的衣服，如果面料被穿得起球，或者脏了、邋遢了还在穿，那也是称不上有多体面的。干干净净，利利索索，就是基本的体面。

这让我想起曾经对涂指甲油的迷恋。那会儿每周都会去美甲中心报到，涂上红色、白色，或者黑色的指甲油，后来，某个机缘巧合，看到一双干净的只涂了透明指甲油的手，瞬间就被打动，心里想着，这才是一双有教养的手啊，手优不优雅，似乎和涂不涂彩色指甲油没什么关系，甚至，这种干干净净的手，才是更深层次的讲究。

衣服也同样，并非穿得多炫酷多时尚才是体面，有时候，那反而是一种聒噪。聒噪了，又怎能称得上体面呢？保持一份干净、一份整洁，是最基本的。我们去这么做的时候，会发现，单这一项就不容易，要保持，是需要一些自律的。

我买衣服的频率不必那么高，却也得有一个基本的淘汰指标。即便再爱的衣服、鞋子、包，当它露出一副颓相出来，就是该说再见的时候了。

跟那些塌了的衣服领子说再见，跟黑变白的布料说再见，跟磕掉了皮的鞋跟说再见，衣服开了线就请缝好，掉了扣子就赶紧补回去……实在覆水难收的，别离也是一种体面。

你在意大利、在巴黎，很难看到乱穿衣服的人，仿佛街上的行人都是精心穿过的。其实，普通人哪会每天为了穿搭费尽心思？可能他们从小到大的熏陶——多看看画展，多逛逛街头巷尾，或者，多接触接触大自然，审美自然就被培养起来了。我们知道，自然是最棒的设计师，蓝天配白云、绿叶配红花……很多配色上的知识都在里面。

大牌、豪牌、奢侈品，那的确是含了深深的体面和讲究的。Hermès丝巾要手工制作二十多天才能完成一条，这其中是有多少的讲究？就像罗振宇说的，大牌并不都是让你穿了舒服的，更多的是存一份严谨在里面。我们不能偷懒，不能松散，要站有站相，坐有坐相，要始终勤勉，哪怕是对待一件衬衫、一粒衬衫上的扣子。如果能做到这些，我们就足够体面了，也足够衬得起身上的那件大牌。

我们为什么要穿得体面？希望自己活得体面的人，最简单的，是从穿得体面开始。

为渴望的生活而穿衣

新认识的"95后"女孩，是个天生的漂亮姑娘。第一眼看她，你会觉得，怕是干不了什么活儿吧？深入相处，才发现，人家身上有你不曾想到的韧性和顽强。

谁都是从年轻时候过来的，可这个女孩才二十岁的年纪，穿衣风格却是与她年龄不相匹配的成熟。衬衫、铅笔裙、细高跟鞋，耳畔则是极简冷色调的金属耳环，所谓的"轻熟女风"。经常会穿九分漆皮裤配她的白色毛衫和黑色短靴，是利落好看的样子。只是，我会不经意被她裤子前面绽线的拉链吸引住目光。

性格开朗的女孩不会为这个小细节而纠结，却被我这吹毛求疵的人抓住了辫子。我用自己曾经讨厌的过来人的口吻跟她说：这样的裤子不能要啊，一个漂亮女孩，怎能允许自己的裤子拉链是绽线的？

这让我想起自己二十几岁的时候，刚刚做时装编辑，口袋里没有什么钱。我是那种用全部热情去扮靓的人，也是出了名的"月光族"。即便如此，我身上的衣服变来变去，时尚的心噌噌长，却在某日，被一位同龄女孩悠悠说了一句：理念到了，就是质地、品位没跟上。

这句话成了我的长鸣警钟。年轻女孩子爱美是天性，刚刚开启自己的时尚之路，买买买也是自然的事情。这时候，你是让自己选择一条和当下的钱包相匹配的"节俭之路"，还是，略高一点点，只是略高一点点，以成就一份质感、一份体面？

传统观念会说，还是勤俭持家吧，不要打肿脸充胖子。

这是深藏在很多人心里的道德信条，仿佛，不如此就会受谴责。关于美，似乎在很多"70后""80后"的思维中，是退而求其次的。为了时髦而花费，在我们从小到大的教育中，是不对的，是会被父母、老师群起而反对的。

而如今，当我一路走来，我只能说，你是谁，你最终就会走向一条怎样的路。

是根据自己的收入能力购买相应的衣服，还是略微提升一点品位和追求，去买自己承受范围之外但是能让自己更加自信、体面的衣服呢？

为渴望的生活去穿衣，不要为现在的生活穿衣。这是无关对错的事情。当你着一身靓衫，它带给你的自信，说不准会带你走向更高更远的地方。

一切皆有可能。对女人而言，一件体面的"战衣"，足以让你赢在起跑线上。心里升腾起的荣耀感，会为一个年轻女孩插上雄飞的翅膀：哇，我年轻，我漂亮，我有品位，我值得拥有更多更多。

希望是个好东西，因为一件价格比自己当下的消费水平略高一点点的衣服而提升自信，这种内心驱动是很划算的事情。

　　让我觉得刺眼的，是一个看上去美丽的女孩，却穿得十分随意、邋遢，好像生活从来没有对她好过，她也从来不想好好经营自己的生活，那种刺目是明晃晃的。我宁愿你，无论长得美还是不美，都着体面的装，态度不卑不亢，那种气度，足以为你赢下更多。

　　特别相信心的力量，你的心定在哪里，就会呈现出怎样的气场，开疆扩土的步伐也就跟着不一样了。

穿衣服，合身最重要

我也是这一两年才意识到衣服合身的重要性。

"Oversize"流行时间太久，以至于，对于那些不合身的衣服，自己也有了充分接纳的理由。上衣略肥了一点儿，好吧，好像也能穿，大一些是oversize风格，我接受；裤子略肥了一点儿，没事儿，显得大腿没那么粗，我接受；衬衫略肥了一点儿，也还行，大一点儿更性感不是吗？而且，袖子往上卷一卷，腰间往裤子里塞一塞，就是另外一种范儿了不是吗？

我不否认上述这些是有一定道理的，但也要善意地提醒一下大家，你们忽略了穿衣服一个最关键的因素：合身。

我是阔腿裤的拥趸，我也是oversize宽松上衣的忠实粉丝。但是有一天，在街边看时尚潮人迎来送往，突然就意识到，我有多久没把自己穿进合身的衣服里去了？能不能穿进去是一回事，穿不穿又是另一回事了。

且，随着年龄增长，我发现一个事实：一个真正的，可以在三十多岁、四十多岁的时候依然能被看作优雅摩登的人，一定是衣着得体的，而一身修身、合体的着装就是必需的了。

　　刚刚有能力买大牌衣服的时候，容易犯一种错误：打折的时候，买了比自己大一码，或者小一码的衣裳，明明知道不合身，却还会自我说服：等我再瘦一点，或者是，好好搭一搭，也差不太多。

　　这真的是大错特错的想法。无须说这种尺码上的不合适，即便找到了适合的尺码，或多或少，你也会遇到一定程度的不合身。这个时候，你可能会送给一个可靠的裁缝来做二次调整。可是，哪怕那是件Prada或者Max Mara，哪怕裁缝有多可靠，一经改过的衣服，呈现状态是有很大差别的。

　　这是唯有你穿过真正合身的衣服才能有的体会。很多时候，不是衣服不适合你，不是衣服本身设计上有什么问题，很大的可能性就是——不合身。

　　合身，不多也不少，这种利落的尺度是和一个人的精神面貌直接挂钩的，也是选择一件合适衣服的先决条件。

　　作为一个资深的基本款爱好者，我深深体会到，越是基本式样的铅笔裙、牛仔裤、灰西装等，越要合身。合身了，你才能感受到基本款带来的优质体验，这是有持久力的东西，而要寻得这样一件合身的基本款，是不容易的，需要你去好好试、好好选。不要在网络上购买，要去实体店试穿，感受衣服与衣服之间的差别，你一定能体会到合身的益处，多一分则多，少一分则少，而那刚刚好的，会让你显得挺拔、优雅，又高级。

"好有味道"和"好贵"之间，你选哪一个

很久没去朋友的服装店，寻个空闲时间来逛逛。

衣服没怎么挑，就是和朋友一起闲谈，顺便欣赏下店里穿来试去的女孩们。

一个老主顾，性格是极开朗的类型，特别瘦，穿一身藏蓝色斜领小飘带丝绵上衣，笔挺的西装面料长裤，脚上是一双H字头白色鞋拖。

这是位长发披肩的女子，清清瘦瘦的，很精巧，有都市质感。她拿起货架上的一只一边镶了枚红色花朵的暗褐色草编手拿包——这只包好娇俏啊，被她拿在手上，顿时，衬得她整个人都多出不少活力来，变随和、变可爱了。

不禁感慨：越是穿得精致、都市感的时候，越需要点缀些看上去带着文艺风的东西。

也经常会觉得，假如你穿得很有都市感，然后背一只Chanel2.55，踩

一双Roger Vivier方块鞋，自己是不是都会觉得奢侈得不好意思？这种搭配太扎眼了，通身金钱质感，像个"很贵的女人"。你说，假如你的日常，被人这样评价，是好，还是不好呢？

若是论个人品牌定位，很贵的女人，倒还不错；可论及个人风格、穿搭风格，很贵的女人，就不见得是褒义词了。

很贵的女人，不好惹的女人；很贵的女人，金钱至上的女人；很贵的女人，只认大牌的女人；很贵的女人，不懂得谦虚低调的女人……这样的潜台词，是我对风格看起来"很贵"的女人的延伸解读。倒不是希望你变成风格上"很便宜"的女人，那当然不美啊，只是，在我心里，比较喜欢的其实是一种"活得很好的女人"。

或许你会觉得，这两者差不多吧？其实很不同。最大的差别在于，"活得很好的女人"的延伸含义里，会有快乐、有趣、多姿多彩的意思。而这些，不是仅仅一个"贵"字就能囊括的。

一个看上去活得很好的女人，一定不是寒酸的，不是简陋的，不是自说自话的；同时，她的"好"也不完全是金钱堆砌的。她懂得在贵和便宜之间拿捏尺度，懂得收和放的智慧，穿衣服也是讲究搭配上的收与放的。

假如你是深爱法国风格的人，你一定知道，法国女人的时尚感，一定讲究收放之间的巧妙。不是那种很直接的"贵气"，那种贵气反而更符合"欲望都市纽约风"的审美。法国女人多么热爱草编的筐子、碎花的裙装啊，还有他们的国民装、国民鞋，看这些你就知道，她们热衷用一种看似随意的、不经意的东西来淡化身上的金钱感，进而呈现一种不费力气的美态。

她们当然知道，一只Chanel2.55包，搭配菱格纹套装适合去什么样的场合；她们更知道，在日常，一件白T恤、一条牛仔裤，再搭一只Chanel2.55，就是不一样的美。那种美，让平价的白T恤、牛仔裤都会呈现出一副很贵很好的样子。这样一种混搭是耐看的，也是叫人痴心追逐的。这种混搭更加符合大多数平凡人的日常，毕竟，平常日子，精致生活，你无须每天把自己打扮得像去商务谈判，或者走红毯，适度的放松感，会让你的时尚品位看着更高级。

就是这种"往回收"的高级感，贴近当下我的审美观。一味向前终归会折损掉一些味道，有那么一点点的、时不时的"收"的意识，你的时髦感才不会太有攻击性，人也会看着不急不躁，从容大气。

就比如开篇提到的那个穿藏蓝色上衣的女孩，用草编包配她的H头鞋拖，仿佛就是两个极端，但这样的两极搭出来的美，是手上拎一只Birkin表达不出来的。即便，Birkin好贵啊。

要"自然派"，也要"不便宜"

一位女友，素颜，近视，不胖，也不矮，脸上总是挂着一种打心底里的笑，间或，还有一些少女般的蔫蔫的抱怨。

这是一个善良且单纯的女孩，工作尽心竭力，待人很好，笑容可掬。熟悉我的人都知道，这后四个字可是我的至高理想，我说的这位女孩，就靠着天赋轻松实现了。

当然，她也有她的困扰。

那天她就又抱怨起来说，老板给她发微信，要她注意个人形象。我哈哈大笑起来，身为一个三十多岁的"少女"，被男上司说要注意形象，这算是让人尴尬的事情了。

女友保持一贯的懵懂表情：是啊，可我就是不爱化妆，化妆老脱妆；不爱穿高跟鞋，穿高跟鞋脚太累了。

不禁上下打量起这位发言者：圆眼镜下一件圆领宽松奶白色T恤，棉布白底条纹裤，蹬着一双白球鞋，背着双肩学生包。

这是去参加大学运动会吗？丝毫不像一个部门的总监。总监啊，你印象里的总监是什么样子的？尽管我知道，她的底色是自然的，氧气少女，可，这并非就是要你穿得上班跟下班一个样。

在我看，她的那身衣裳，跟饭后小区里遛弯儿时穿的行头没太大差别。

上班的仪式感总是要有的，更何况，身为一个安静的美女，起码该穿得受领导、客户重视吧？像她这样，穿得太松散，很容易就会被忽略掉。

提及重视，不由得想起另外一个朋友，她刚好相反。那是位每一个出场几乎都着装考究的女人，不见得是大牌，款式也不夸张扎眼，可她一路受着各种礼遇，连打专车，专车司机看到她，原本电话里粗声粗气的，上了车却和颜悦色地拉起家常来。

这个女人去面试，坐她对面的公司老板说，我可以指挥手下的人搬这个、扛那个，可却不好意思让你这么做。显然，她的面试没有成功。可他们彼此坦诚，面试的同时，她也了解了对方公司的情况，没有做成员工，却成了接下来工作上的合作伙伴。

瞧，这就是区别。

我不是要一个爱穿得自由的人非穿铅笔裙和十厘米高跟鞋，但在职场上，我认为不可穿得太随意，把自己穿得很"便宜"。

那么，问题就来了，你说，一个崇尚自然的、不爱化妆的女人怎样才能穿得受重视、不便宜？

拿《欢乐颂》里的关雎尔举例子吧。好学上进的关关在五百强公司里拼了命地加班干活，而作为一个旁观者，我会想，假如关关在我身边，假如我是她的部门领导，我会不会对这个女孩另眼相看？

不会。

最起码，在我们交往的最初我不会。圆眼镜，布衣长裙，仿佛一个永远走不出校园的少女。你说，这就是关关的本色啊。可关关的这种本色就没有升级版吗？我不信。更何况，在职场上，你所展现的除了本色外，还有一层，是你的公司形象和你的职场身份。

想起我那位可爱的女朋友，三十出头，也是爱关雎尔这种造型的人，经常穿的也是关雎尔的标配模样，而且，她不化妆。

我同样也是不怎么喜欢化浓妆的人，化妆这件事，我往往是在出门前五分钟搞定的。粉底、眉毛、唇彩，这是我的化妆三部曲，我想，像我这么懒又手脚不伶俐的人都能做到，其他任何人都可以。

我女友的一个困惑是，自己仿佛从来没找对过粉底，每次将粉底抹在不太白的皮肤上，那粉底都像是貌合神离，恨不得赶快从她的皮肤上跑下来，那层白色的粉，总是浮着的。

这样的女孩大有人在吧？我的建议是，请给自己选色号接近肤色的粉底。无须多么白，你不是白皮肤，没必要非在皮肤上涂一层，那样反而不美不自在，接近肤色的均匀粉底，会让人看似没有化妆，却是精致、考究的。

这种动作不大的精致感，就是我说的所谓"贵"了，懂行的人，一看便知，嗯，不便宜。不是价格上的不便宜，而是你呈现给人的状态，精致、细腻、有约束感，这样的女人是容易受到重视的。

还有鞋子。女友说：好不喜欢穿高跟鞋啊。那么，方块矮跟鞋怎么样？它几乎是百搭的，阔腿裤、长裙、西裤，或者铅笔裙，跟它都会很搭调，而且，这种鞋舒服不累人，绝对是自在的职场必备，这个你真的应该拥有。至于小尖头鞋，会比方块矮跟鞋略累脚一些，但是女人啊，有的时候也别自在得过分了，这样也嫌累？那你对自己也是太好了。

我建议女友的还有一点就是：上班请穿衬衫。

简单有气质的基本款，符合她要的自然感。白色，或者天蓝，再或者那种明朗的灰，都是比较合适的颜色，有一件这样的衬衫在，再做好基本的粉底功课，踩上适度的高跟鞋，眉目清晰，衣着得体，那种不便宜的职场气息就出来了，真的并不难。

对真丝的爱让女人更精致

女人在各种各样的休闲料子里游荡太久了。

这也难怪，在这个休闲风盛行的时代，满世界都大唱特唱T恤、卫衣的戏，女人们越来越帅，越来越酷，却也越发少了一种本该有的女性味道。

在我看，所谓的女性味道，是像真丝绸缎那般的。

真丝和熟女最登对。我身边某位时髦成熟的女友，有着自己的顽固审美。追求面料质感的她最爱两种，冬天是羊绒，天微微暖和起来，各种各样的真丝就登场了。

真丝，在她看来是高档、讲究的代名词，真丝衬衫、真丝风衣、真丝连衣裙……任那些棉T恤多贵多大牌，她始终保持着对真丝的信赖与忠诚。

穿了真丝的女人，也的确是显出一种高贵高级。而且，真丝显瘦啊，

一件宽松的真丝裙穿身上，无须收腰，就那么套着穿，不苗条的人都能多出很多的飘然感来。

却也发现，很多女人买了那么久的衣服，仍未察觉真丝的好，还是懵懵懂懂的，给自己买那些显胖的、随意的针织、棉T恤。

瘦的人当然可以乱买，青春无敌自然是没话说；但你一旦年龄上涨，身材稍微变松垮，那些以云淡风轻、随性随意著称的东西就要给你好看了，完全不是帮腔帮势的"自家人"。

假如你是个自觉不够女人味、不够优雅的女人，那么，一件真丝衬衫能够救你于水火。我几乎想象不到，什么样的人会不适合穿真丝。不管你是强势的女王范儿，还是温婉熟女，无论你是中性风女孩，还是娇滴滴的"公主"，真丝都能与你交相生辉。

众多真丝里，首当其冲的就是真丝衬衫。我是标准的真丝衬衫控。在我身边，这样的女友也着实不少，我们会反反复复为了一件白衬衫、一件黑衬衫、一件驼色衬衫……买来买去，大动干戈，总有本事挖掘出这件和那件之间的差别来，口味很素，却很专一。有真丝庇佑，衬衫显得有气度，又柔情似水。

天气微暖的时候，我会给自己买下一条又一条的真丝连衣裙。女神范儿的真丝裙大多是修身剪裁前凸后翘的，可那不是我的菜，我个子不够高，身材也不够好，适合我的，大多是那种松垮的简单一件连身裙。那种宽松的真丝袍子，数一数，已有很多了，可还是会心动，还是会一次次入手。

女人二十几岁的时候，会觉得纯棉、亚麻已经很自然很足够，也没怎么想过要和真丝亲近。年龄一旦三十往上跑，就一点点开窍了，那些纯棉款再难满足自己。仿佛是偷吃了禁果的亚当与夏娃，被醉人的丝滑抚摸过之后，就被镜中那位高级的、似水般柔情的自己迷住了，再难逃得掉。

女人是该有个女人样子的，你柔一点，慢一点，舒缓一点，一如真丝的模样，对自己都是好的。穿了真丝的女人，内心里会很自然地升腾起一句：精致如我，理当被礼遇。

女人用衣服诉说自己

刚买的衣服，喝了一杯茶的工夫，就决定退了。

那是件黑色的制服衬衫，是我喜欢的牌子，好久没光顾了，在店里试来试去，没有特别合适的，于是就很牵强地选了这件黑色基本款。

一起逛店的女孩说：好看啊，很少见你穿这种硬挺的衬衫，解开几颗纽扣的样子很干练，又性感。

我却看来看去觉得不顺眼，穿上它之后就像个一直在上班、加班，且没有丝毫娱乐私生活的女人。

加班不怕，总是工作也不怕，可我希望的，是能从刚毅的、冷酷的外表下看到一些玩乐、有趣。

越是奔波挣扎，越是需要用甜、软、醉人来包裹自己，感觉那才对得住自己。

女孩说：倒也的确没怎么见你穿黑色衬衫。

其实是有的，只是我的都是真丝黑衬衫。V字领的黑衬衫，有飘带的黑衬衫，就像是我说的，刚毅外表下的柔、软、缠绵。而假如，你告诉我，就是冷酷的啊，有棱有角的黑衬衫，那么抱歉，我还不想做《纸牌屋》里的克莱尔，自认没有那种野心、雄心，小小如我，希望在克制之下保持一些柔软松动、轻歌慢摇。

女人真的就是在用衣服诉说自己。一个足够敏感的、懂得捕捉讯号的人，是可以从衣服上寻到衣主人在性格上、在当场状态下的蛛丝马迹的。喜欢穿硬挺制服衬衫的女人，是怎样的？喜欢穿黑白灰真丝衬衫的女人，是怎样的？喜欢花朵图案棉质宽松衬衫的女人，又是怎样的？

这样的衣服密码，穿者自己能体会吗？对面的人能窥见吗？细想之下，这好有趣啊，大约，也正因此，女人们才会买不停歇。

用衣服去跟潮流、跟风尚、跟品牌，总归都显得浅薄了，用衣服跟自己，跟着自己的内心悸动，才是正解。

包括内心里，在情感波动下对品牌的选择与解读。看上去相似的奢侈品，你在选择的时候，是否也有自己的性格判断、情怀判断、当下状态的种种判断：都是优雅风，你看Prada，再看Tod's，就会觉得，前者的"女魔头范儿"好足，而在自己不想给人强势印象的时候，还是Tod's更自在；都是文艺风格，Celine和Loewe也是不太一样的，Celine的都市独立感更强烈，Loewe则多了些浪漫味道，即便是，都不随波逐流，都不是聒噪高调的牌子，将你的心与它们串联，你也会捕捉到其间差别。

还有，觉得自己辛苦不易的时候，冷淡风的品牌就会让你觉得不够滋润，于是，你会把目光投向Miu Miu，投向Valentino。作为一个扔了三十奔四十的熟女，我突然就发现，属于Miu Miu的那种娇憨已经离自己渐行

渐远了，Miu Miu身上，自有一种慵懒的、浪漫的、华丽无罪的"小女孩风"，四十岁的我已经不太好意思去靠近。

Valentino就还好。纵然同是粉色，同有褶皱，同在做着少女般的梦，可就是觉得，那里面还是有几分都市熟女的顶天立地在的。熟女的"甜点夹心"，不过分，不会软得化掉，反观Miu Miu，就是少女们的"棉花糖"了。

当然，你会说：我买的那只Miu Miu就还好啊，并不觉得是这样。

我同意，一个品牌系列之间也有不同的情绪表达，我自己也有一只经常被拎出来的黑色Miu Miu，那是可以区分在"少女棉花糖"之外的存在。好吧，就不说绝对的话了，跟你说上述，只是分享我以衣窥心的心情，这是不是就是女人乐此不疲的恋衣恋物的根源呢？若是能买到能借物言志的、能直抒胸臆的，也算是买得明白了。

物尽其用，是会给你增添能量的

买了一双新鞋，银色，尖方头，矮跟，女友说：上面写着你的名字。

就因为这句话，我们因此买过多少"写着自己名字"的东西啊。为这几个字而陶醉，觉得既然是适合自己的，打着自己的风格标签，岂有不拿下的道理？却也有一段时间觉出哪里不对了——抱回家，几天之后新鲜感过去，价格不菲的单品，就远远地躺在那里休眠了。

说实话，那是有负罪感的。即便价格不是很贵，东西堆着不用，你会不会有自我感觉很差的心理反应？我会。

人每天、每月需要的东西其实是有限的，食物、生活用品，包括衣服。除非你是以穿搭为职业的专业人士，那就另当别论，我们平常人，都是一样，我如今信奉的一个观点是：食量有限，吃点儿好的，论及衣服也是同样道理。

春夏秋冬，每一季，问问自己，你需要多少衣服、鞋子、包包，才能撑起体面的一季？大约估算一下，并不太多吧？我经常会发出这样的感慨：今年冬天就在这几件之间打转啊，就穿了这几件毛衣啊；鞋子也是，两双UGG，一双球鞋，两双高跟靴，参加派对的两双尖头细高跟，就搞定了。

这样的配置，是可以穿好几个冬天的。当然，你会说：下一年或许就不喜欢了，失宠的东西太多了，我很有经验。

这也正是我想说的问题，那些极有可能只穿一阵儿就不爱的东西，请尽量避免吧，不是价格的问题，是作为物品本身，它有存在的意义，它会占用你的空间。

试问，重复购买的行为真的会让你开心吗？买下心仪的一件，让它物尽其用，每次出场都是欢喜的感觉，那在我看来是更高级的购物体验。而我们自己，也会因为这份不聒噪，会因为自己有些克制和自我要求，觉出优质感。

自律给我自由，我相信任何事情一旦泛滥了就不优质，而给自己提一点点要求，质感立马就会变得不同。

我有些迷恋上"物尽其用"这四个字。在我们有限的需求中，每次选择都用点儿心，买真正喜欢的、可以用得久的东西，就像前面说的那句很形象的话：食量有限，吃点儿好的。

推而广之一下：穿戴有限，用点儿好的。买下它只是起点，懂得它的好，知道怎么去用它，知道它还可以怎样怎样，才是你花钱的意义所在。

就比如我买的这双鞋子。和最近经常穿的黑色平跟鞋不同，它能帮衬我在参加一些女友聚会时候的造型变化。是的，我想用一双银色面的鞋子去配丹宁蓝；那条穿了很久的黑色小脚裤，总配黑色、配棕色，端庄有余，趣味不足，换成银色并且还带着颗银色大球的鞋子，是会让造型变得有趣的。

平跟的它也可以配我的阔腿裤。鞋头略长一点，不仅不会有牛津鞋、乐福鞋的中性感，这强烈的女性元素还会透出一点妖娆女人味来。是的，我喜欢去拿捏那种"不要那么多，只要一点点"的味道，无论何时，女人务必要有精致感，至于如何与俗脂艳粉们划清界限，就是我们的道行了。

当一件东西被充分利用的时候，你能体会到一种开心的满足感。这不是购买之后的狂喜，而是一种懂得适可而止、见好就收的质感优越。"买"这个动作是容易的，"用"这个动作才是对自己修为的考验：品位是否独到，眼界是否宽广，是否能比别人看到更多的风景，然后，将它用出多层次的美丽。

若你是品位高手，那就把它用出彩吧；若你功力尚显不够，没关系，尽力而为，有这份心，你就已经起航了。我相信以终为始的力量，心里存了这样的念，很多东西，自然而然就跟着走了，至于其他，不强求。

给一个姑娘一双
合脚的鞋子，
她就可以征服
全世界

高跟鞋

踩在高跟鞋上的女子真的美，那是一种站在世界之巅的美，一种柔中带刚的美，一米六的小个子、身材比例尴尬的"短腿族"，有了高跟鞋，也能昂头挺胸，忘却自己的身高局限。

你会在穿什么衣服的时候配高跟鞋？

几乎所有？可以是这样的，当然也有些时候，穿高跟鞋会遭遇尴尬。

穿西装面料小脚裤的时候，你可以配高跟鞋。无论是七分、九分，还是全长尺寸，六厘米以上的高跟鞋，都能让你骄傲做女王。

牛仔裤也能配高跟鞋。看上去休闲的牛仔长裤，有些女孩喜欢拿它配球鞋、牛津鞋，淑女们则可以配纤细跟高跟鞋。尤其喜欢九分牛仔裤配细跟高跟鞋的模样，微露出脚踝，那样子，不温不火间，看出你的玲珑摩登心。

阔腿裤也可以配高跟鞋。我的体会是，九分阔腿裤比全长阔腿裤更适合。如今的流行是，全长阔腿裤反而适合配平跟鞋，不管你的腿是长是短，全长裤配平跟，会有一种放松大气的味道，配上高跟鞋，反倒会折损掉一些从容；九分阔腿裤就不同了，露出优雅脚踝，身材比例看上去蛮骄傲，然后呢，用高跟鞋提升海拔，步

履间的时髦感，是每个时装分子都爱的模样。

平跟鞋

很多矮个子女生会误以为自己不适合穿平跟鞋，很多不自信的女生会以为穿平跟的自己注定平凡。

当然不是这样的。看看永远的女神奥黛丽·赫本，看看当红模特亚历克莎·钟，她们都是平跟鞋的拥趸，她们把平跟鞋穿得优雅又闪耀。

那是一种高跟鞋表达不出来的优雅，高跟鞋天生的基因就是高调，而平跟鞋，以退为进，平实舒缓，你不与人争，就无人与你争，当你没有野心的时候，真正的优雅就出现了。

这说的就是平跟鞋的美。

你可以像奥黛丽·赫本一样，穿黑色小脚裤，搭一双圆头平跟芭蕾鞋，那是太经典的搭配。腿细且长的女孩，穿成这样，会比很多穿高跟鞋的人还美。大家闺秀的低奢感，是你不能错过的。

你可以用九分阔腿裤配你的乐福鞋、平底圆头鞋、方头牛津鞋，一点书卷气，一点洒脱气，摩登中带着文艺

感。是啊，平跟鞋的平实无争，是与文艺感相通的，假如你想让自己看上去有内涵、有文化、不剑拔弩张，那么，记得用平跟鞋配九分阔腿裤，那和你配尖头细高跟是迥然不同的美。

你可以用全长阔腿裤配平跟鞋。这时，就不要选芭蕾圆头鞋了，鞋头略长一点的尖头、方头鞋都是恰当选择，尖头的显俏丽，方头的显帅气，搭上阔腿长裤，微微露出鞋头，那份漫不经心的平跟时髦，相信你会上瘾。

你还可以用牛仔微喇叭裤配平跟鞋，这时候，鞋头略长的尖头鞋是上选。喇叭牛仔裤太帅了，如果你的骨子里

流淌着二十世纪七十年代的审美，这时候，你的鞋子太克制、太老实，就不对了，有点锐气的尖头平跟，比尖头高跟更从容。

球鞋

球鞋太红了。

在腿长又细的姑娘那里，球鞋几乎是可以和任何衣服搭配在一起的，长裙、短裙、喇叭裙、铅笔裙、牛仔裤、西装裤……通通搞得定。这个值得说一下，双腿比例好的女

孩，哪怕粗一点，用九分西裤配球鞋，也是有味道的，别担心那样子不伦不类，新时代的时髦，这种混搭减龄又减压，不一本正经，透着一股"活泼的书卷气"。

假如你是腿不够长也不够细的女孩，把球鞋穿好看也不是没可能。好操作的，是那种厚底球鞋，如今Nike、Adidas、Puma、Reebok……几乎天下所有的运动鞋品牌，都会出这种鞋底偏厚、有"外太空感"的球鞋，垫高个子、修饰身材比例，它功不可没。

你用它配各种裤装，无论什么面料，都能搞得定，阔腿长裤，也不在话下。我特别喜欢用它配我的针织长裤，针织的随性与运动休闲搭一起，两相作用下，就是如今最火的时髦表达。

配裙装这件事，太考验腿型了，我不会建议你用球鞋配裙装，那是真正"美腿人群"的专属。与之相比，我倒是建议你试试那种跑步时候穿的紧身裤，搭样子夸张、厚实的球鞋，然后，上衣选宽松的，这时候他人的眼光便会自动聚焦在你宽大的外套以及炫酷的大球鞋上，小粗腿看上去都变细了，不骗你。

人类环境学者米克（Joseph W. Meeker）说：

　　智慧是人心的一种状态，特质是深度地理解和透视。智能经常伴随着博大精深的正式知识，但这不是必需的。没受过教育的人也能获得智慧，木匠、渔夫、家庭主妇之中也有智慧之士。智慧存在时，表现方式就是认识到事物之间的相对性及关系。它是对生命的整体的感知，同时清楚看到个别事物之具体独特性，以及相互关系中的细节……智慧不能被限定在任何专业领域中，它也不是任何学术科目；它是对万物整体的辨识，超越学术。智慧就是理解复杂性，接受关系。

CHAPTER
03

有一种美，
叫美得高级

高不高级，看你身上有没有火气

你发现了吗？有一种女人，明明也是爱时髦的，明明你也懂得她想表达的风格，明明她也真的是身材好、脸庞俏，可每次看她，都让你觉得头晕，在她周遭，仿佛有团明晃晃的东西，叫人皱眉，不想去亲近。

这大约和她喜欢的风格无关，即便是再怎样的华丽风格，也总有高手做出高级示范，不会让人觉得刺眼。

可上面说的这种则不是。

我试图搞懂为什么会有如此强烈的排斥感，不是源于嫉妒，更不是艳羡，就是说不出哪里不对，就是觉得她们有些没品位，或者说，浮浅。

曾经去方所书店为《我在北京修文物》站台，作为一个"伪文青"，为能称职地站台，我"恶补"了一下这个只有三集的纪录片，也看了同名书，印象最深刻的是，故宫里一干就是三十多年的修复师傅经常会跟徒弟说：去去火气，修旧如旧……

不禁引我感慨。那些穿越几百年，如今端坐面前的珍宝，带着一种沉静的大气，不急，不躁，这样看着才高级。

穿衣服，何尝不是这样？去去火气，把锋芒变柔和，把沉寂变活泼，再高贵的装扮也自有属于它的放松自在，如此这样，在我看就舒服多了。

这不由叫人想起经常讲的那句话：衣服，看谁穿。同样一件衣服，穿的人是怎样的，直接决定了他散发出来的味道如何。

我们爱到不行的那些时尚偶像，他们或古怪精灵，或美妙多姿，或时尚炫酷，或极致优雅……而能称得上偶像的，都有一种相似的东西，那就是浑然天成。

风格是骨子里的，不需要演，不需要显，不需要夸耀，也不需要沾沾自喜。当人身上有了一份自在的从容，那所谓的"火气"就去了。都浑然天成了，哪还有什么火气啊？有火气，大多是因为强加东西上去了，多余出来了东西，自然不高级。

《我在故宫修文物》里，还提到一个字：随。这是修复文物的一种基本技艺。大约的意思是那种就着本来的样子随一笔，随一笔色，随一笔刀锋，顺势而为，水到渠成。

有这种"随"的心境，挺不容易的。如今，我们擅长更多的是加一笔，或者，对自己不知道哪里来的自信，一股傲气、一股俗气霍然升起，所有这些，都透出画蛇添足的不自然。

人穿衣服、衣服穿人的道理被说了太多遍，怎么能让自己驾驭那件衣服，你说关键点是什么？

认清自己，找到适合自己的风格只是第一步，这对于很多爱美的女孩而言并不难，剩下的，真正考验高下的就来了。彼此的内在差异，投射在你的举手投足上，成全你的本色气场，别人会看到，在你的身上，态度够不够大气，够不够灵活，够不够从容自在。

这些决定了你是叫人欣赏，还是令人敬而远之。爱美真不是一件浮浅的事，我相信，衣服穿得好，也是一种修行，殊途同归。别的不讲，若你身上火气太盛，那就一定不高级，即便你穿得多豪气，多奢侈，多大牌，都没用。

还是听听见识过太多好东西的故宫师傅们的话吧：去去火气。

身心放松的人，才能穿出麻的高级感

爱麻的和不爱麻的，大约是两种人。

爱穿麻的人，文艺，崇尚自在，喜欢一种随性随意的美好；不爱穿麻的人，大多会觉得麻太不平整，或者是太文艺了吧，他们偏向于现实派。

还有一种可能，和刚刚说的情形不同，爱麻的主人公不是"文艺小清新"，反而是一些经历了世俗沧桑、经过了人生九九八十一难，或者业已完成七八十难的成功人士，所谓的"大佬"。

偶尔遇见低调大佬，身家几个亿，然后，坐你对面，吃拉面，喝啤酒，穿一件麻衣、一双老北京布鞋……禁不住和身边看不上麻的年轻女孩说：那些资深大佬才爱穿麻呢，你看看，反倒是大佬身边的跟班才西装笔挺、一丝不苟的样子。

就比如《欢乐颂》里的谭宗明，那位安迪小姐的守护天使，坐拥上亿身家，却总是一件麻衬衣、一条麻裤，穿得云淡风轻。

却也知道，不爱穿麻的人，抛弃它也是有充分理由的。很多时候麻被穿得走火入魔了，被搞得"仙气"横生，宽袍大袖，皱皱巴巴，以营造出一种生活在别处的抽离感。每次看到，我都会暗暗归类，自己不是文艺青年，或者说，不是大众理解的文艺青年吧。

很难讲这样的我是感性大于理性，还是理性大于感性，可我也保持着对麻的一份眷恋。大多时候，我会觉得，东西不好，不是它本身的错，每件东西都有其风骨，更何况这天生质感不俗的麻织物；而且，放松下来，才高级啊，尽管在我的词典里，年轻人是没资格说什么闲云野鹤的，可我也喜欢那种不剑拔弩张的自在样子，紧跟着我还有一句，就是刚刚说的：你看，大佬才穿麻呢！

麻没有错，错只错在做错了设计、穿错了样子。我爱的麻织物，是那种线条简练的，越是洗练的廓形越好，这样才能中和掉麻天生自带的"仙气"。

我们爱的衣服一旦做成亚麻、棉麻质地，就有和真丝、罗马布等完全不同的样子，有内心语言在布料上流淌，这些东西有味道，是值得人去靠近的，包括，那些你以为的时髦样子、性感样子，一旦用麻来呈现，就立马换了一种姿态，这太特别了，是我喜欢的"反差感"。

当然了，能穿好麻的，都不是一般人，你得有各种硬件、软件储备才行。

相较宽袍大袖的麻衣，我更喜欢看那些穿了修身麻质衬衫的男人或者女人们。纽扣解开四颗，麻衣里面会有白色或者其他浅色的T恤。因衣服略瘦，你的身形会被它勾勒出来，营造出一种"绷起来"的时髦效果。那件麻衣，还是云淡风轻，却也被你穿出了几分现世精明。

是的，这是我的人生观，即便再感性的人，也不要一味地只知道说美好、美妙，一些现世的聪明劲儿，总归是要保留一些的。

精英品位，一场不动声色的高级潜行

一个周末，跑去参加Mini Cooper的复古派对。

见到很多精心打扮的女生，有穿斜肩丝绒长裙的，也有穿黑色蕾丝连衣裙的，还有一位，来晚了，与男友进门，穿一条闪闪的细肩带连衣裙，裙子真好看，可是看她的后背，肩胛骨上松松的两坨肉，一看就是靠天资而没有后天拼搏锻炼过的身体。

在品位上，现在的我越来越接近那种极端又吹毛求疵的人。上面这些，都不是我喜欢的风景，却在一个不经意的转身，看到离我不远的，斜坐一角的女孩。

皮肤很白，属于妆化得清晰不过度的人；绑个短短的马尾，头发服帖而整齐，是特意打理之后的光滑，包括那一小揪的马尾，也仿佛是被驯化过的，没有半点毛躁的痕迹；单薄的身上穿件灰色的、长至膝盖的七分袖长裙子，西装面料，无衣领，除了腰间的一根极细长的腰带，再无其他设计了；脚上则是一双白色厚底球鞋。

她是那种淡如菊，却一眼便知有教养、很低调、细节考究的人，顿时我就被迷住了。后来她上台颁奖，才知是品牌方的某位总监。

这直接对上了刚刚说的属于我的"吹毛求疵"。如今我对一种非常自我的、深信不疑的审美观有着执念，且这种审美观是带着族群标签的，三两个讯号，大约就会知道，对方，是不是自己的同类。

我是一路受着香港黎坚惠小姐影响成长的人，喜欢借用她给出的族群标签，称其为"现代都市的精英口味"。而所谓精英，不是说你必须是某个行业的翘楚，更重要的是身上拥有的一股劲儿，一种力争上游、在能力所及范围内做到最好的劲头。有这样一股精气神儿在，又怎么可能是孬种呢？

心大了，眼界也会跟着变大，而这时，让精英们喜欢且悦己悦心的人、事、物，同样也会跟着变化。她们很难再被那些诸如"亲爱的，这可是今年最流行的圆环设计呀"的话打动，更不可能因为听说哪个地方的东西便宜、某某牌子正在做促销就心痒难耐。

也不会单纯地以品牌论。上新速度飞快的Zara、H&M，她们也是会去的，但却有自己的一套游戏规则。相比于泛泛地了解，她们会以品位、认知来保驾护航，以挑出其中适合且有劲道的东西为荣。

就比如说Zara吧，她们知道，靠门一侧的某个系列，常年不打折，用料是整个品牌线里最好的，所以，买Zara，首选一定是这些东西；而优衣库，他家的内衣品类是有多好穿啊，且他家的打底裤，质量、性价比都是无敌的，这样的一点儿精明购物观她们是有的，而这些也是令她们骄傲的"懂得"。

至于大牌奢侈品，我身边的精英女Boss朋友经常说，要想马儿跑得快，就得时不时给点甜头吃，这个甜头，她意指犒劳自己的那些大牌包包和鞋子。女精英们自然是有实力消费这些的，万元的价格，相较她们的拼搏、她们的收获，也的确是相得益彰的。

而她们选的东西，偏向一种相似的极简克制，不随波逐流，不盲目跟潮流，就好比时下热到爆的Gucci蜜蜂包、酒神包，我身边的精英们背的其实并不多，他们反而更钟情Loewe或者是低调的Tod's。

上述这些，和我在Mini Cooper派对上邂逅的女孩有着相似的格调，衣服是素净的，又是有质感的；设计是不媚俗的，甚至是有些"寡淡"的。

明眼人却知道，这哪里是寡淡啊，而是一种高级的不动声色。用有别于大众潮流的审美，以一种看似保守、克制的腔调成就骨子里的低调奢华。

讲这么多，你是否有些似曾相识的感觉？或者会说：呀，这和某某好像呀，和我欣赏的甲乙丙丁如出一辙啊。是的，这就是我说的"现代都市的精英口味"了。这样一场不动声色的高级潜行，其背后，是衣主人的广阔阅历和强大内心，如此释放出来的，才是自带光环的精英品格。

真正的淑女从不告诉人她买了什么珠宝

珠宝，一个高门槛的品类。所以，你可以很轻松地说：我喜欢买衣服，买得太多了，衣柜里没穿没拆标签的还有很多，却鲜少有人会说：我喜欢买珠宝，最爱逛的就是珠宝店。

珠宝似乎是电影里的词汇，现实里，只有饰品、配饰，或者说，结婚戒指。

甚至，珠宝变成了一个非常古典的词。那是《色·戒》里阔太太们打麻将时的谈资，比比谁的更大颗，看看谁的水头好；那是亦舒小说里的桥段，衣服总是穿得简单的女子，亦舒会很有寓意地为她点缀上一枚钻石，或者御木本的珍珠项链。

因一个"宝"字的介入，让珠宝有了很多传世的概念，它似乎和衣服不是一个量级的东西，甚至，和奢侈的鞋子、包包也不是一个量级的。我的一位友人说，寻到自己喜欢的珠宝是讲缘分的，你寻到了一块，不可能有另外一块同样在等你，而LV包包，只要你刷卡付现，就可以买到同样的。

究竟什么才是奢侈品，一目了然。

一度会说，珠宝是不能自己买给自己的，那一定是亲密爱人的馈赠。这似乎也平添了一些古典的寓意在里面。价格不菲的东西，不甚懂得女人衣着审美的男人，用一种雄性力量和爱的体贴，送出叫女人醉倒温柔乡的珠宝。这样的桥段，我们在电影里看过太多太多了，《欲望都市》里，对着钻石项链、耳环兴奋得合不拢嘴的萨曼莎，《色·戒》里，因一枚鸽子蛋而改了初衷的王佳芝……

还有那些被我们一说再说的真实故事。一生结婚数回，坐拥珠宝无数的伊丽莎白·泰勒；不爱江山爱美人的温莎公爵，一次次为公爵夫人寻觅珠宝，那串卡地亚十字架手链，凝结着温莎公爵多少的用心，亲自挑选，亲自监工，与工匠一同打磨，那是爱的证明。

真正的动人故事，到最后，很少会以女人的衣服来做结，更多是珠宝。提及日本，你会想到御木本，想到皇室御用珍珠的荣耀；提及《泰坦尼克号》，你想到海洋之心，那颗神秘的带着莫测力量的宝石……女人爱买，爱衣服，爱鞋子，爱包包，而最终彰显女人段位的，还是凝结在她珠宝盒子里的那些东西。

我曾是一个对所谓"女人都爱珠宝"这句话深表怀疑的人；我也并不怎么喜欢钻石、翡翠、祖母绿，或者这么说吧，感觉那些是不属于自己的东西，太奢侈了，爱不起。

或许有人会说，还好吧，网上有很多不是特别贵的翡翠，也有各种价位的钻石……而在我心里，它们就应该是很奢侈很金贵的存在，我不相信便宜的价格能买到成色很优的珠宝。我笃信一点，好的成色，好的切工，才能彰显宝石的美，否则，何谈魅力？也正因此，珠宝之于我，像是小说里的词汇、古典寓意的词汇，我可以痴迷于买衣服、鞋子、包包，却没动过买珠宝的念头。

最近这个想法有些松动，看到平凡的妈妈送给刚刚过十八岁生日的女儿一颗圆润珍珠，那种寓意，如珍珠的光芒，有幸福感。

听可爱的女孩说，她拿到头一年的年终奖，跑去珠宝店里买了心心念念的一枚二十分的钻石吊坠，让自己顿显闪亮，是的，这种仪式感和荣耀感，是鞋子、包包无法给予的，小小一颗钻石，点亮全身的同时，也点亮骄傲、光荣与梦想。

犹记得一个冬日清晨，早餐时候我邂逅一位穿着白衬衫、牛仔裤配防寒服的意大利女子。我们相隔不远坐着，一撇头，窥到她手指间的光芒，一颗闪耀钻石，与她的红色指甲油、白色衬衫、牛仔裤形成鲜明反差，那个反差啊，一瞬间让我读懂了珠宝之于女人的意义。

没有那颗钻石，白衬衫、牛仔裤的她当然也是美的，有了那颗钻石，似乎一切就变得不一样了，那份美顿时闪耀，简洁中透出贵气，是真正意义上的低奢，就像一个谦逊的、有故事的人散发出来的魅力，在朴素外表下，不经意间，你会发现——啊，他好渊博啊，好聪明啊，去过好多地方啊……而这些，都不是卖弄，就是不经意的，一瞥窥见。

想起亦舒说的话：真正有气质的淑女，从不炫耀她所拥有的一切，她不告诉人她读过什么书，去过什么地方，有多少件衣服，买过什么珠宝，因为她没有自卑感。

是的，一切都是云淡风轻的，那些地方，那些人，以及，那枚珠宝……终化作她生命中自然而然的一部分。

那是女人最好的装饰。

红与黑，美得高贵又纯粹

我是爱红的人，大红、正红，红裙、红唇。

都是有故事的存在，《巴黎我爱你》里的红风衣，《重庆森林》里戴了假发涂了红唇的林青霞。

大红色是属于巴黎的。每提起它，我们不会直接想到喜庆的东方红，反而是那些一辈子做女孩的法国女人。少女时候穿红裙，到老了，也红不离身，她们的眼神中，总有一种褪不去的少女气息。

这是多宝贵的东西。

始终相信，真正的美丽是有大能量的。你看美轮美奂的巴黎，即便遭遇恐怖袭击，全球公认的漂亮人们，会有胸怀，打开家门，说一声：假如你无处可去，欢迎你，来我家……

这是怎样的"大美"。所以，我一直坚定地说着，漂亮一点都不浮浅，假如，你能让自己终生美丽，那首先，你一定是个内里很棒、很精彩的人。所谓相由心生，真正的漂亮，除了天赐，还有内在修为，两相作用，才成全当下的你，以及多年来，一直跟随你的明媚容颜。

至于说，这大红色的最佳搭档是什么，不由得想起另外一个漂亮人，张国荣。急流勇退，告别歌坛，穿一袭红与黑，芳华绝代，如今，难再有。他天真地笑，说：我爱上海，上海是漂亮人的上海，我是漂亮的人，所以，我喜欢来这里……说得坦白又友善，你丝毫生不起半分的厌恶来，反而会为这份浑然天成的纯真而流连。退出歌坛前的那袭红黑戏服，不觉间定格脑海。

还有当年《倩女幽魂》里的聂小倩，红衣、红唇，那样一个妙人，风情又飒爽，无其他修饰，黑发、黑眉，就是这袭红最好的陪伴。

最美不过红黑配。红与黑，不只是名著，还是极致大经典，美得高贵又纯粹。

东西一旦纯粹了，就容易披上一层神奇、一种不刻意，甚至是浑然不觉的东西。真正的美人，都是懂得穿红配黑的。林青霞，美得"雌雄同体"，六十岁的她再登场，红裙黑衣，身上透出一股叫人想要去靠近的美，不是什么"人生赢家"的骄傲气场，而是一种充满包容度的母性力量。

永远的红姑钟楚红，喜欢画画，喜欢拍照，闲来无事逛花市的她，是二十世纪香港的醉人印记。夫君先逝，无子女的红姑，微笑面对变故，绽放出她身上那份不脆弱不俗媚的美。

记得看报道，谈及钟楚红：在那样一个势利的、功利的香港，周遭人却并不轻视于她，这是很难做到的……结庐在人境，又让自己置身事外，是怎样的智慧与心胸。

　　红姑没有再嫁。可她办展览，出席各种场合，笑容灿烂依旧，干净得叫你打心底里喜欢。一袭红与黑，她穿得不做作、不招摇，天赐配色，这红与黑上，写着她的名字。

　　那日闲来无事翻看视频，看到Hermès的宣传视频，相同背景下，一男一女，场景，甚至动作都是相似的，用最简单的手段表达最极致的美。其间，我被女模特的衣服吸引，红色高领、白衬衫、黑外套，这红、黑的轮廓，在我眼前闪闪发光。

黑色围巾，一种向内收的智慧

"黑色围巾搞定全世界。"知道这话说得偏颇，可我还是要这么说。

围巾是比丝巾更像我的东西。围来戴去，我会觉得，一条羊绒黑色大围巾，就能搭配我冬日里的全部行头。

这是再百搭不过的东西，也是气场再强大不过的东西。有女孩问我:想买围巾，选什么颜色好呢? 还用说? 当然是黑色!

曾经，香港的黄伟文说，单黑色围巾他就有几十条，可见对其是真爱。想想自己的，虽说没有黄先生那么多，可不同材质、不同风骨的黑色围巾也不下二十条。一年四季，春夏秋冬，我的黑色围巾都不离席。尤其到了冬天，原本会想着，买卡其色吧，显得好高级，买品质灰吧，显得好洋气，买大红吧，显得好喜庆，买藏蓝吧，显得好斯文……后来会发现，这所有的所有，其实都不如一条黑色宽幅围巾来得实用。

爱极了一身黑的你，用不同质感的黑色围巾搭起深浅不同的黑色系，你会发现这是多么低调又高级，即便是，身上颜色本是亮的、乱的、热闹

的，一条黑色大围巾登场，顿时，就搞定一众的花花草草，让它们听命于自己。

羊绒黑色大围巾是我几乎走到哪儿带到哪儿的东西。任性的人冬天大衣里面不肯穿太多，经常是只穿一件衬衫，这时，在温度不是太高的室内，黑色围巾就派上用场了。一厚一薄间的穿搭游戏，是我的心头大爱，被一袭黑色围巾包裹的自己，会觉得幸福得很。

细想来，这喜欢用黑色围巾缠绕脖颈，或者是包裹上半身的偏好，源于一种唯有同道才懂得的向内收的智慧。就用黑色围巾包裹吧，藏起来，隐匿起来，暂且不要什么界限分明，不要什么铿锵有力，带点散漫、深邃，遮掩起来呵护自己。

一条黑色围巾，无须大动作就悄悄搞定了全世界，以及内心里那个飘忽、缥缈、踏实又真切的自己。

爱衬衫，爱心之向往的自己

衬衫控越来越多，我也是其中一个。缘何如此，我想，大约和我们日渐平淡却又日渐刁钻的衣着品位有关。

那些设计复杂、虚张声势、带着设计师奇思妙想的衣服，或许能带来一时的新鲜感，却很快会被厌弃，反倒是简单的最恒久。穿衬衫的寓意或许可以这样解读：我不在乎时尚，但我就是很有型。

论及衬衫，男生参考科林·弗思，女生看《纸牌屋》里的克莱尔就好了。说到克莱尔，这个带给我们全新婚姻体验，冷静、有韧性又有手段的女人，练家子一样的小身板，穿衬衫，制服款，完美呈现了爱衬衫女人的终极梦想。

你看她的胳膊、腰身，无赘肉，胸前纽扣微微敞开，变作V字领。Brooks Brothers，美国总统御用品牌，他家衬衫总是一贯的硬挺、板正，不花哨，不献媚，表达独立女人的高级质感。

这就说到了我们现在的一个喜好：爱的往往是那些不靠技巧说话的，

实力派的东西。把衬衫穿得好看的，一定要身材好、气质佳，你不能化浓妆，你要有能衬得起它的好外形。

除了克莱尔，提及衬衫，我瞬间联想到的亚洲面孔，一个是香港女人，一个则来自于日本东京。

如今的TVB，叫我们只剩下扼腕叹息，可在当年，它传递给我们这些尚属懵懂期的青春少女的时尚启蒙，永记留在心里。职场风，态度果断、身影独立；加之香港女人大多很瘦，你在中环，看那些提着硕大公文包、行色匆匆的办公室女郎们，她们身上的衬衫，是"战衣"，更是时髦态度。

东京的衬衫则有些不同，日本女人即便是职场精英，仍是男人们的梦想女神，柔美，优雅，又精致。她们说话的语调，与她们身上的制服衬衫、脸上淡淡的妆是一套的，清淡，优美，略带少女气。

至于说到我们现在经常买的衬衫类型，很多女孩喜欢的是英国法国那种文艺格调衬衫。相较港女范、东京风，它更文艺，更斯文，更有书卷气。衬衫纽扣系起来，搭配哈伦裤、小脚裤，或者牛仔裤，清清爽爽的样子，这是文艺风衬衫的精髓。

文艺青年、森女，大多是不爱浓墨重彩的。这种克制中的小精巧，有种控制的美，面容干净、身材瘦弱的女孩，这样穿，太登对。

想想当年的玛丽莲·梦露，再想想法国尤物碧姬·芭铎，她们的衬衫装，多少会对你有所启发吧。勒紧腰线，用那份波澜壮阔傲视众人，有这冷静有脑子的衬衫做包装，也会多出不少的精明智慧。

性感的职场专业人，嗯，单想想这几个字，就让我又想再多入几件衬衫了。

现在的女人口味，大约是这样的，你看她一眼望去很性感却觉得还有些俗媚，反倒不如一眼望去的聪明、精明好看。我们爱衬衫，大约，也是爱衬衫的这股劲儿，希望自己成为这样聪明、精明又美丽的人。

Equipment，这个法国衬衫品牌，是我除Brooks Brothers之外的另一衬衫选择。这个品牌的衬衫以真丝质地为主，男友风，颜色有一色，也有小型花朵。我爱那份法式随性，肥肥大大的款，穿起来，即便你是D-cup，胸前也不会有负重感，人，也会看着轻薄又轻盈。

Theory，大家再熟悉不过的品牌，曾经被我称作业界良心（最近每年都在涨价，即便如此也好过很多不知名的三四线品牌），做工精良，设计大方简练，现在被日方公司收购，那份洗练美国风之余，还伴着一如既往的精致味道。

白衬衫是经典，你要选那种做工、质地都优良的，毕竟是经久不衰的基本款，好材质才是第一位。袖子微微卷起来，那份随性干练就出来了。除了白色，蓝色衬衫如今愈发被时髦姑娘们记在心里。且，你有没有发现，蓝衬衫比白色更好穿，白衬衫太考验你的硬件了，蓝色更亲和，更有摩登感。法国人还很爱小方格子衬衫，有田园文艺感，会让女人看上去多几分随和与活泼，不禁感叹，这看似平庸平常的东西，居然潜藏大时髦。

要不怎么说，我们越来越爱衬衫呢？职场征战，靠它；休闲逛街，靠它；约会浪漫，靠它；甚至，派对走红毯，配好了，仍然可以依靠它……

所有这一切，有了衬衫的参与，会有一股叫人喜欢的聪慧态度。用力不猛，却有种叫人不能小觑的姿态，大约，这也是我们心向往之的自己。

有种美是低调起来好看

作为曾经的"高跟鞋控",我突然发现,鞋柜里高跟鞋没留下几双,更多的则是矮跟鞋、平跟鞋。

缺了一种雄心啊。遥想十年前,踩着十厘米高跟鞋剑步如飞挤公交;寒冬腊月也是丝袜配高跟鞋;再还有,细鞋跟踩进地板缝里,众目睽睽之下,脱了鞋,把鞋跟生生拔出来……如今,这些都成了不再发生的事情。偶遇依旧如此的姑娘,我仿佛看到当年的自己。

那时候爱穿高跟鞋的我,觉得自己一米六的身高,腿又不够长,必须靠高跟鞋来垫海拔;更何况,一向是走"御姐"路线的人,抬头挺胸的,又怎能没有高跟鞋傍身呢?

没承想几年之后,御姐依然还是御姐,鞋跟却变了。不再有踩在十厘米上就仿佛站在世界之巅的感觉,反倒觉得自信地穿着平跟鞋,也能自如走江湖,进可攻退可守,谈笑间樯橹灰飞烟灭。个子没长腿也没长,却发现,原来很多衣服并不是非得配高跟鞋才好看,小个子,一样可以用长裙搭平跟。

包括穿阔腿长裤的时候。长裤配平跟，这该是"王菲们"的专属吧？偶然间，却发现自己也能穿着平跟鞋配阔腿长裤，那样子帅极了，完全不是配高跟鞋时的战战兢兢。是的，就是战战兢兢，踩在细高跟上的模样，尽管美，却总是要你提着一口气。

我现在迷恋上了穿平跟鞋的放松感。相较高跟鞋的拉开架势，平跟鞋有种四两拨千斤的智慧在里面。且高级感这回事，和优雅是相似的，当你不是欲望爆棚、用力过猛，真正的优雅就来了，所谓的高级感也随之降临。

平跟鞋的美是高跟鞋难以企及的，那种放松着的时髦样子太迷人，像个看惯繁华之后返璞归真的人，这才是叫人着迷的所在，当我们理解了这一点，自然而然就会爱上平跟鞋了。

必须承认，有种美是低调起来好看。剑拔弩张的时髦，就算再好看，还是有设计过的痕迹，用力大了就暴露了心机，不高级，反倒是四两拨千斤的模样更从容。温和平跟，就是这样一种存在。

羊绒衫，优质熟女这样给自己打标签

爱穿羊绒的，大多是熟女。她们不会忌惮其不菲的价格，当然，网上有很多三四百块的百分百纯羊绒，但那和千元以上的羊绒相比，的确不是一个量级的。

就实用来说，三四百块的羊绒，那些基本款的高领衫或者V领衫，柔软度是够的，和千元以上甚至价格五位数的羊绒比，基础层面差在保暖度上。

穿后者，你很容易就给自己热出一身汗，前者却不会。评判是否真正好羊绒，还有一点，穿一穿，它真的会起球、变肥大，这是几百块的羊绒很少出现的情况，也正因此，你刚接触真羊绒，甚至会觉得后悔，没几天就起

球变形了。这时候，你需要像呵护漂亮女朋友，或者像对待花儿一样细心、耐心，用去毛器把那些起球的浮毛去掉。羊绒衫呢，也不要连续穿。我始终相信，无论什么都是有生命的，羊绒，或者那些质地不俗的皮鞋、包包，你都得给它们休息期，不要连续使用它们，连续作战带来的结果，势必是寿命上的损耗。

法国女人有个不成文的习惯，一双鞋子不会连续穿两天，一件毛衣也是。

穿羊绒，年轻女孩会担心显老，而现在的羊绒衫其实可以打消你这些不切实际的顾虑。我身边"95后"的女孩，起初是不讲究衣服质地的，某

日，她买了一件羊绒衫，白色的，V领，有一点oversize风，配她的微喇叭牛仔裤，她很开心地跟我说：这是羊绒哎！

那时候，我发现其实她们也是会在意材质的，而且，穿了那件白色羊绒的她，皮肤显得更白了。

羊绒配牛仔，羊绒配皮革，羊绒配羊绒，都可以。尽管说，羊绒配那些硬面料衣物，是对羊绒的损耗，可单从穿搭视觉效果看，那真的是加分的。冬天里，慵懒的、优哉游哉的女人，用一件略宽松的羊绒衫配阔腿羊绒长裤，然后，搭双平底鞋，那种大家闺秀的美感，会散发出一种不锐气但尊贵的光，高级大气场，秒杀一众狂蜂浪蝶。

羊绒也可以跟罗马布，或者那些运动类面料、单品来搭，会是另外一番景象，减龄、轻快、幽默感，现代都市的时髦关键词，羊绒都能帮你实现。你的羊绒开衫里搭件字母T恤，或者用硕大的羊绒毛衣配跑步时穿的紧身打底裤、一双大球鞋，相信我，那酷爆了。

非常不建议的是用羊绒衫去配毛呢裤装。当然，凡事有例外，气质独特的长腿姑娘，可能也会把这种老气风穿得威风凛凛，但以大多数情况论，经验告诉我，尤其是很基本款的羊绒衫，你去配基本款的毛呢长裤、毛呢半裙、毛呢西装……不会难看，但就是显老，尤其，某日，穿起这样一身的你，头发恰好长了未来得及修剪，那种效果，会让身上再身价不菲的衣服也变得颓唐，除了显老还是显老。

穿羊绒怕显老的话，你可以给自己搭上一两样设计感很强的耳环、项链，不需要传统的翡翠、和田玉，那些文艺风十足的琉璃、玛瑙通通都不要，羊绒本就是有内涵的存在，再多出来的内涵并不加分。这时候你的配饰需要互补，用些浮夸的，或者看上去不太贵重的东西，简洁风的珍珠，或者冷淡色调的银饰即可。对了，很多设计师品牌会做那种不知是什么材质的

硕大金属耳环，用它搭配暖色系的羊绒毛衣，你的羊绒顿时就变得不安分起来。

　　我觉得比较成熟的消费者是会自己发掘好东西的，这是Lifestyle里面最重要的一个
环节。

——许舜英

CHAPTER
04

细节让精巧女人
更动人

细节暴露了出身

我喜欢看日本人写的恋物的书，感觉他们的体会更细密，眼界更宽广，观点上滤去了当下的时髦不时髦，而是从实用本身出发。

说白了，就是在物质生活里游荡时间久了的人更有发言权。喜欢这种由大把生活阅历搭建起的恋物志，大约，只有过了大半生，且能够一路保持自我要求、一路保持敏感的人，才能写出这种恋物志吧。

假期看的是几本松浦弥太郎的书，里面很多东西触到我，也知道了很多之前不知道的品牌，多是些英国、法国的很小众很小众，却又是在相应领域颇为资深的牌子。

就比如，他说起袜子，一定会选Corgi，这个英国王室御用棉袜品牌。即便白袜子，也不会显出孩子气。"孩子气"，这三个字顿时打动我，于是，我在网上搜，竟然找到其天猫旗舰店，收藏人数不多，不禁颇为感慨，同时也很想认识加了收藏的这些人，心想着，大约都是些细腻又考究的人吧。

还提到头发，他说，一个人是否是你的目标客户，奢侈品店有经验的店员会看两点，一是皮肤，第二就是头发。

买件贵重的衣服穿是很容易办到的事情，看不出人的真实修养，皮肤、头发则需要经年累月的护理，不是一蹴而就可以完成的。对于皮肤，如今大家会有足够的重视，而对头发，我问向自己，是啊，我其实也是那种很在意对面那个人的发质是否健康、头发是否有光泽的人。

除了发质健康，头发一定要有型。不见得是多么时髦的发型，却需保持干净整齐和一种恰到好处的分寸感。这就需要你经常做修剪，多出一分一毫都需赶紧归位回去。松浦先生和与他对话的一位女士——都是熟年男女，都是资深的讲究人，在头发修剪频次这件事上，他们会不约而同地说自己每两周修剪一次。

我立马就给自己找到了新标准，打算也照此办理。

如今越发觉得，那些面子上容易看到的讲究，只是初级阶段，真正的考究，反而是不容易被关注的。正如很多文章里说的，肯把钱花在不起眼的地方的，才是真的品质格调。

比如你的内衣，或者腰带、手帕。我的一位刻薄却又颇有几分品位见地的男性友人说：细节暴露了出身。他很看不惯那种外表光鲜，内衣带子松懈了却不舍得扔的女人。不禁一震，赶紧审视一下自己，还好我不是这样的。同时也想着，这话是要说给多少爱美的女孩女人们听啊。

相似的雷区还有很多，比如你用的粉饼扑是不是够干净。假如一个女人，妆化得精致，衣装也时髦，连鞋跟也是干净的，没有划痕，却在补妆的间歇，你窥到她手中的粉扑沾满粉垢，一副早该更换掉的脏黑模样，那是多么叫人忧伤的事情。

越是精巧的女人，越不该允许自己遗漏这些小细节。

不仅女人，男人也有相似的情形。正如松浦先生说的，在他看来，全天下最丢脸的事是：外出在某地时远远瞥见自己脱下的鞋，一瞬间觉得它们实在是寒酸啊。这就像有人说，如果你到停车场，远远看到自己的车时，觉得"真是好车"，就表明这是适合自己的车，反之，则不是。这个道理，对于鞋子也适用。

不禁咯咯笑起来，好有画面感啊，心想着多少次看到自己扔在酒店房间一角的鞋子，有的，很有美感，尽管有折痕，却有种旧得很好看的美；有的，却只是想，当初怎么会买这样一双鞋呢？

于是感慨，能写出如此敏感的细节体会的，才是真正的恋物志。恋物，一定会看出你对待钱的态度，对待自己的态度，对待身边周遭的态度。松浦先生借用家中长辈的话说，一味地吃廉价食物，就会变成廉价的男人。他很朴实地说：我不想成为廉价的男人。之于女人，同样！

不由得想起身边不少习惯了节省为他人的主妇们，她们大多是些传统意义上的好女人，却就是对自己太苛刻，总是在买打折商品，总是在货比三家之后选那个价格最低的。至于高档货的质感、使用心得，她们显得很匮乏，且时间久了，我担心，她们内心里，都会觉得那些是自己不配去拥有的，那可就糟了。

这是叫人心酸的心理暗示。不在廉价货里打转，力所能及地选一些好东西给自己，让自己变得"贵"起来，别人看到这样的你，大约，也不会轻视，也会想着用同样匹配的好东西来对待。

女人年不年轻，侧面够不够薄

看《圆桌派》，三言两语，就被马未都震撼到。马未都，我对他的印象一直是才富五车，灵活知进退，现实感极强的文化人，当然，我也相信，他阅人无数。

那集请来了柯蓝。柯蓝小姐，四十多岁的年纪，保持现在的状态，已是难得。而说起实际年龄，说起年轻态，马未都以其一贯的四平八稳语速，眯着细缝小眼发话了：没几个人会比实际年龄看着年轻十岁的。所以，要想被夸年轻，最简单的办法就是，多报十岁。女人年不年轻，不能看正面，要看侧面薄不薄。正面，修修整整，会唬人，你得看侧面，小姑娘的身材侧面都是薄的，一厚，这女人大约就不年轻了！

隔岸观火的我坐不住了，直接扔下电脑跑去照镜子。那句老话怎么说，姜还是老的辣，阅历这东西是骗不了人的，眼光也是历练出来的。看了多少的假美女，看了多少的真美女，然后，拨云见日，雾里也能看清楚花。

有女友说，男人看女人的眼光就是狠，像她一位朋友，某次，对着迎面走过的女孩评价：这姑娘腰有点长。

做服装生意的女友听得一懵：天哪，腰长我怎么就没看出来？明明挺漂亮的啊，人也窈窕。

男人却说，腰长。

至于女人们关注的那些、幻化出来的那些，则有些添油加醋了，属于多层次的美感进化，而追溯本源的话，还是"直男"眼里的那套更纯粹，包括马未都说的这种，都是本源的东西。

女人啊，你做电波拉皮、超声刀、水光针，你穿多么减龄的衣裙，剪了多么少女的刘海，都没用，有本事侧面看一看，薄不薄，这是年轻态的基本。于是想起法国的伊莎贝尔·于佩尔，那是让我一直感慨的不老少女，没有半点做作，瘦到皮包骨的人，穿红裙，娇俏如少女，也诚如马未都所言，侧面，是薄的。

瞬间没心情打点衣橱了，与其欲盖弥彰，买大一号的衣物来遮掩，还不如直击要害，操练起来，赶紧请教一下私人健身教练去，怎么才能练紧后背肩胛骨上的那块肌肉。

那里薄了，人会看着年轻很多。

女人啊，那些迷人的小动作

和新认识的朋友聊天，对着一件长款外套，她发感慨：这衣服吧，适合抿着穿，不能敞怀，也不能系扣子。

就这一句话，让我打定主意要和她深交。这显然是个懂得穿衣服的人。

怎样才算是懂得穿衣服的人？会买？会搭配？这些是，却又不够，还必须知道在穿的过程中那些辅助的小动作。是的，衣服要穿得好看，是需要一些小动作来辅助的，那些天生会穿衣服的人，不经意间，举手投足，就会将这把戏玩得炉火纯青。

这有时是刻意的，有时真的就是不经意，可就是这不经意，瞬间给衣服增加了很多不一样的味道，整件衣服，也就跟着活了。

像朋友说的，同样是大衣，有的就适合裹起来、拢着穿，你敞开着，会没有型；系起扣子，又太板正了；反倒是随意地一抿，味道就出来了。

或许我这么说你会不屑：那是人家觉得冷，只是随意裹一裹罢了。这当然是有可能的，可你也要相信，真正的时装达人知道怎么靠一些小动作让衣服焕发美妙。

这样的一拢，拢出小鸟依人，拢出深情款款。那天，与几个女朋友讨论什么是女人味，我想着，这一种算是了。

同样让人觉得可能是不经意的小动作，在衣领上。经验告诉我，有些衣服，就是适合把衣领竖起来穿，翻折下来则会看着老气、刻板又生硬。竖起衣领，或许你会说，这太强势了吧？那倒不会，你完全可以通过其他的辅助来弱化这让你担心的难题。

更加重要的一点是，如此这般，整件衣服就会显得很有型，是都市时髦人都看得懂的摩登洋气。

有些衣服，则适合披挂着穿。当然了，这真的是太戏剧化了。街拍里十个有六个是这样披着穿的，那是为了视觉效果，假如真要平日里这么穿，那就太考验人了。

我的一个体会是，披挂着穿在我们的日常里其实也是可行的，就比如，从温暖室内出来打车，车子已经到了，你只需披上外衣冲出门，一个箭步钻进车子里，这时候，"披衣服"就变得自然而然，顺理成章了。

还有扯领口这件事。这是我情不自禁经常会带出来的小动作。高领衫最近很红，我是它们的常年拥趸。穿它们的时候，我特别着迷于一种小动作，就是扯起衣领去挡住下巴和嘴。你说，是怕冷吗？有一点，而更多的，是一种想用它去保护自己的小诉求，人心是很微妙的，你道这薄薄的一层，能温暖你多少啊，女人却说，有时候，靠着它就是能抵得过千军万马。

相似的道理，还有扯衣袖这回事。当然了，这是要分衣服的，就像方才说的轻薄质地高领衫，特别适合在秋冬天里扯着衣袖穿；而像那种肥大的毛衣，瘦削女孩穿成上肥下肥的效果，这时候，袖子被扯出来挡住至少半个手，顿时就让人心生爱怜，好想去保护她。

除了扯的动作，那种粗线大毛衣，更适合把衣袖堆上去穿，微微露出纤细的手腕来。这粗与细之间的对比，会让人看上去轻盈又时髦。

要说堆衣袖这个动作，在我看，不管是哪种衣服，假如穿者找不到感觉的话，就先试试这个动作吧，多半，问题就迎刃而解了。

包括各种的长衫、长大衣。不要担心会穿坏，请放心大胆地试起来，相信你会瞬间发现一片新天地，那些沉睡多时的、没找到感觉的衣服，立马有了生机。

当然了，这不是叫你照搬、去模仿。东施效颦这回事，几千年前就发生过了，咱就别在同一个坑里再跌上一回。姑且想想你自己是哪种人，体会一下，相信你知道我在说什么。

至于那些技术层面的小细节，比如，要显瘦、显腿长，你要懂得露出脚踝来；而说到衣袖、衣领，你仔细想过吗？有时候，它们需要你大张旗鼓地把它们露在毛衣外面，视觉上多出一个层次，腔调就会变得不一样。

系纽扣这件事也暗藏了不少玄机。有时候，它格外需要你从头系到底，一丝不苟，一颗不留，别管其他人说，这样老气，打开几颗吧，别，千万别，让其他人去解开纽扣好了，我们系紧，全部系紧，那种克制的、考究的姿态，自有一种复古怀旧美；可有的时候，解开三颗纽扣，一点点的随意不羁，那衣服顿时就被你穿活了。

　　说到这儿，或许率性女子们坐不住了：你这些，太女人，太柔美，不适合我。其实，那些懂得穿衣的"率性魔头们"小动作也多得不得了。插袋、抓衣口，你以为这只是拍照时的偶尔为之?错！仔细观察周遭就会发现，那些现实版的率性穿衣达人，她们都是懂得如何运用小动作的，且，她们都有自己的招牌动作。

花样年华，该有一些女人味

我们穿衣的喜好一定是跟着心境走的。

与好久没见的朋友见面，她是很熟悉曾经的我的人，看我现在的样子——短发，宽松衣服，平底鞋，对方顿时皱起眉来：怎么不穿以前那样了呢？那种很女人的样子挺适合你啊。

为什么有此变化？我也不知道。

其实倒也没有被这么说过，可就是觉得前凸后翘的衣服、纤细的高跟鞋、闪耀的珠宝，会有点过了，日常行走，这样有用力过猛的感觉。

如今，我越发喜欢日系的素人生活、素人风格。黑、白、灰，真丝、棉麻，质地是一定要好的，至于款式，则偏向简洁风。

这是内心在作祟吧，分明是，自己穿前凸后翘的样子也好看啊，可就是不让其近身。

偶然一次，去女友的店里，经营中式品牌的她，在店里穿一件桃粉碎花裹身裙，长发飘飘，走起路来仿佛在舞蹈，看得我好欢喜，感叹说：要时不时来看看你啊，心灵会被滋润。

嗯，就是那种看上几眼，内心都被深深滋润的感觉。

突然就改变主意，也想跟她一样了。三十几岁，花样年华，是啊，这个年纪的女人，你活得要对得住"花样年华"这四个字才行。

于是，穿起了久违的裹身裙——腰好紧，袖子也紧，这才意识到，宽松衣服穿久了，肚子、腰上的肉已渐渐堆积。好在尚未放任到无可救药的地步，好在胳膊、腿还是细的，这样穿起来的人，心思也会跟着活泛起来。

是不是该制造个约会，或者拜访什么重要的人？

偶然翻看周天娜的老照片，身形窈窕的她穿一袭落地裹身长裙，短发利落，凹凸有致，那样的韵致，是穿越至今的经典，难以复制。现在越发同意，女人还是稍微胖点儿更动人。平板身材，更符合二十岁的女生，三十岁以上的，还是需要一些有韵致、丰满的东西。

就暂且不走宽袍大袖路线了，把身段亮出来，哪怕是腹部有遮不住的小赘肉，也没关系。

裹身裙颜色尽量选择深沉一些的，这一点不知你是否有体会——每个人适合不同的颜色。那天被朋友说，我是穿不出白色的精彩的人，反而是那些看上去"脏脏"的颜色更适合我。而这些"脏脏"的颜色，咸菜绿、芥末黄，还有那些浓郁的浆果色……穿风情万种的裹身裙，若是配上这些的浓郁色调，就是完美。

重温老电影《美国骗局》，埃米·亚当斯饰演的情妇西德尼在戏里从头到尾的深V裹身裙，你在担心她走光的同时，也真的会被那种成熟优雅的女人味吸引。

就暂且告别冷淡风吧，让浓郁女人味回归，让我们重操旧业，把自己塞进裹身裙里去，M号的你，尽可能试试能不能变S？

男性友人说了，女神的理想标准是：S号身材，L号大脑。哈哈，说得有趣，顿时有了新目标。

买奢侈品，什么姿势最好看

二十岁时，会很向往拥有自己的第一件奢侈品。那时候，杂志上经常会做这种专题：你的第一件奢侈品是什么，LV、Gucci、Prada？我还会挑衅地评论：Coach算奢侈品吗？奥特莱斯的Gucci算不算奢侈品？

进入三字打头的年纪，人有了一定的购买力，可以时不时给自己买买大牌奢侈品了，但我发现，大家买的"状态"却不尽相同。

有的人，我看着她一直在买，并不会觉得怎样，能挣能花，人也是又漂亮又有品位，姿态真是美；有的人，似乎生活里只有买，我笑说：你不爱逛菜市场就爱奢侈品店呀？对方说：是的，我就喜欢买，且一个月只花一两万，又不是很多。

顿时觉出差异。这差异不是价格上的，不是数量上的，也不是logo上的，而是毫无目的的买和知道自己为什么买。没有一个女生不爱那些大牌好货，但是否知道一分钱一分货的道理，是否买得叫人喜欢、姿势好看就很值得说一说了。

什么才是买奢侈品的漂亮姿势？

有女友A，自己赚钱买花戴，每天忙里忙外地围着自己的小生意转，空闲时间，练瑜伽、带孩子，你能从她的朋友圈看到她练得让人羡慕的身材，同时，还能看到她给女儿做的爱心料理，饭菜不见得精美，却带着很真实的感情、温暖与爱，实实在在的，没有摆盘作秀的痕迹。

她给自己买漂亮的Gucci鞋子、Celine、Balenciaga，把Balenciaga红遍全球的球鞋穿出了自己的腔调，搭紧身裤、大毛衣，帅气的样子叫人艳羡无比。

我说：花了好多钱呀。对方答：是啊，就是爱花钱。

"就是爱花钱"，她干脆地说出这五个字的时候，以低调为座右铭的我并不觉得刺耳，反而感觉很真实，很可爱。

另一女友，属于"空中飞人"的类型，自己做了好几家跨领域公司，飞来飞去是常态，疲劳疲倦也是常态。回家的时候，她会给自己放半天假，在城里坐地铁玩，看看这座城市地铁最远能坐到哪儿，像是城中一日游。

她并不是刻意追求时尚的人，只是更爱去欣赏一些细微的美，或者说，她是有文艺心的女Boss吧。闲暇时候，她参加文化活动，包括艺术、文学，或许是在商海沉浮久了，又保持了一颗赤子心，她会本能地让自己靠近一些纯粹的东西。

这样的人，当然会给自己买奢侈品。女人啊，尤其是有赚钱能力的女人，给自己买奢侈品还是容易的，她会娇憨地笑说，要想马儿跑得快，就得时不时给点甜头吃。

她嘴里的"甜头"就是那些让人开心的大牌好货。女Boss也是很容易开心的，一个漂亮的包包就会让她觉得，付出还是很值得的，女人对自己就该很好很好。

还记得，她穿白衬衫、牛仔铅笔裙，背一只限量版的Chanel2.55，和国际友人签合同的样子，那感觉，好骄傲。俏丽女子，以这样的姿态征战职场，是叫人振奋的。

某日咖啡馆闲聊，邂逅一位年龄五十开外的女士，灰白短发，有漂亮的鬓角，皮肤极好，没有半点皱纹。她戴珍珠耳钉，身穿Max Mara修身驼色大衣，内搭也是驼色系的，手上拎一只Balenciaga的条纹编织包，小号的，像公文包一样拎在手上。

除了惊叹，还是惊叹，这样的演绎，这样的气度和腔调，跟那些logo没有一点儿关系。

这是我喜欢的用奢侈品的样子，源自logo，又高于logo。如今已经不是logo说明一切的年代了，你是否搭得精彩、穿得妙，是考验个人功力的事情。而且，我越发坚信的一点是，你有没有能力在各个大牌之间，找出那个与你的气质最相称、最适合你的东西，比买奢侈品本身要重要得多。

Gucci的艺术浮夸，你是否懂得用一点戏谑精神来演绎；LV的老花，是否更衬果敢贵气的你；你那么爱冷淡风，Celine真的适合吗？你是需要再柔美一点，还是迎合Celine那种都市感书卷气；一辈子被宠的少女，Miu Miu和Valentino，你说，哪个更像自己？

我是希望在买奢侈品的时候，你有类似的分辨心，起码，当你开始考虑这些，就说明已经开始懂得一点点"品牌精神"为何物了。

那日，与久未见面的朋友聊天，那个忙着融资把自己的项目做成"独角兽"的女朋友，穿LV牛仔夹克、Roger Vivier方块鞋，背一只黑色

Valentino。说起奢侈品，足以有底气谈论这些的她说：我不觉得变潮了的Balenciaga会为我加分，LV、Prada，包括Gucci我也不怎么爱，我会更爱那些低调老品牌。

每人都有每人的区分，买奢侈品买到自我区分的阶段，不管这个区分你说是武断也好，傲娇也罢，总好过跟风模仿。有辨别心的一刻，在我看，就是晋级了。

配件，最能体现你与时尚的关系

我的"职业导师"许舜英说：配件，最能体现你和时尚的关系。

这不是说，你提了一只Hermès，你就和时尚关系紧密；你背了一个无logo的布袋子，你就是时尚局外人，这是大错特错的偏见。

找到与自己有关联的东西，然后把它用到极致，这种程度，才能看出你和时尚究竟如胶似漆到了怎样的程度。

就像是，一个一天到晚不是和姐妹们打麻将、逛淘宝，就是去菜市场买菜、接孩子、做饭的女人，出国购物，也随大流地给自己买下一只LV手袋，然后搓麻将的时候，包包放一边。那只包和她本人根本是貌合神离的，印了Monogram花纹的LV啊，虽说被误读成"流俗"，却有自己的主张，表达的绝不是眼下这位麻将女士的每日生活。

怎样选配件，怎么去用它，能体现一个人真实的时尚态度。这话不是你标榜几句口号就能成真的。不被名声所累，回归其本身，好就是好，适合就是适合，选了和自己气质、生活搭调的东西，然后，整个画面才会和谐，东西也会用出灵魂，用得长久。

像是你们都爱的Prada女掌门，缪西亚·普拉达，这个样子温和，骨子里却意见鲜明的女子，平常穿着是简而又简，对于配件的运用则可圈可点。缪西亚是那种脑子里天马行空，做事雷厉风行的人，表面上，却一直是以低调示人。所以，她给自己选的配件也是那种不浮夸的，凝练优雅的东西。

大家闺秀大气场，缪西亚身体力行。

说到首饰，缪西亚很懂得其间的点睛之道。穿V领毛衣、白衬衫时，精巧的三排项链点缀，不乏味，端庄而有趣；穿休闲装时，懂得用古典风的耳环项链做混搭，颜色上是素净的，款式却彰显了她的聪明与品位。

能把饰品玩弄于股掌的才是高手。但一个大前提是，你要深深懂得它，更要清楚懂得你自己。

好奇地问一句，每天一早，你是先想到穿哪身衣服，再去搭配其他，还是想到，今天要戴哪条项链、穿哪双鞋子，再去配衣服？这是个人习惯的问题，也是时尚进化的事情，当中过程很有趣。

当我们对配件、首饰的关注度越来越高，你会发现，它真的可以以一敌百。有了一件称心的首饰，你穿在身上的衣服就可以变得很简单，一条金项链配白加黑，一枚钻戒配牛仔，或者，那浮夸的古董耳环啊，是T恤、帆布鞋的绝配。

配件是有灵魂的，不同的配件骨子里的脾气都不一样。也正因此，我经常会好奇一年四季都戴同一条链子、同一只手镯的女士们，除非那是你的定情信物，或者家族传承，否则，即便它是Cartier、Bvlgari，也不可能

一年四季跟你衣橱里所有的衣服都搭配得上。

我崇尚那种即便是一根布条子、一根麻绳都戴到妙处的人，那是真正的时尚人。就像之前遇见过的一位法国配件设计师，微胖，穿件蓝黑上衣，整体看上去并不起眼。我在他的红色方巾装饰下面发现了一条皮绳项链，接头处是钢制的磁铁，他友好地取下来给我戴，然后告诉我，把它在手腕上绕三道，就可以做手链了。

顿时乐了，这就是懂得用配件的人啊。

还有一次参加派对，主办方定的礼服主题为紫色，太生僻，叫人费尽了心思，却于现场，邂逅一位着藏蓝色毛衣的先生，胖乎乎的他，胸前别了一只小巧的、Qeelin熊猫胸针，那紫色的气球垂下来，"熊猫荡秋千"，细问才知，这原来是用女伴耳环改过的。

抛开logo，甚至抛开饰物的本来模样，这能传达饰物主人怎样的时尚态度呢？不言自明了，希望自己也能成为如此有趣的人。

硬框眼镜不只是霸道女总裁的标配

趁感冒，腾出很多时间看电影。汤姆·福特的《夜行动物》口碑颇高，于是找来看。

女主人公通身诠释了大写的汤姆·福特。假如你想知道什么叫高级腔调，看她就够了，不会是和颜悦色，不会是亲切热情，而是高冷、高级、高端，又寂寞。

深陷现实纠葛中的女主人公，看上去什么都有，内心却是痛苦不堪。她是传说中那种多金、高品位的人，四十几岁，女儿已长至窈窕，而她，依然美丽。

公司里的她，一副一丝不苟的高级精英模样，回到家，躺在优质的床单床铺上，穿着柔软开司米看稿，戴一副硕大的Celine黑框眼镜。

这不由得让我想到汤姆·福特的另一部电影《单身男人》里面的科林·弗思。仿佛，《夜行动物》的女主人公是直接把科林的眼镜拿来戴了。当年，我们是不是还会怕这样老干部风的镜框太硬气了？没承想，如

今男神女神都爱它。

作为一个传统审美多过前卫审美的人，我给自己的镜框定位一直都是那种纤细的金属框，或者，就是干脆无框，至于深色镜框，是最近几年才逐渐建构起来的新体验。

某次参加奢侈品活动，偶遇洪晃，对，就是那位言语犀利、态度强势的女子，将近六十岁，却很有腔调，一身咖色麻衣，拎一只红色大包，绑马尾辫子，然后戴一副大红色镜框眼镜。

顿时就开了窍，深色的镜框在整体造型上起的作用太重要，它们是打造造型的神器，深色树脂镜框会给脸部轻松中平添几抹动人。

一个体会是，假如头一晚没睡好，第二天气色就会很差，这时候，用深色镜框遮挡视线，是极好的障眼法，尤其，像我这种不爱化妆的人，妆太淡、眼睛看着无神的时候，戴一副深色镜框，就会提亮很多气色。

看霸道男总裁，你会看到他的钢笔，他的腰带，至于霸道女总裁，你觉得标配是什么？十厘米细高跟吗？不，我觉得这硬框眼镜更贴切。

穿Prada的"女魔头"，除了有一身精装，还有她在办公桌前指点江山时候手上的眼镜。你爱不爱《傲骨贤妻》里的黛安娜？那是我的女神，硬气、智慧，闲暇时候，她也会穿小脚裤、平底鞋去逛画廊，而在职场，收腰One Piece，一副深色镜框，黑与白，明与暗，毫不含糊。

当然，这样一副眼镜，不仅是霸道总裁们的专利，平常女子，你穿得松松垮垮的，走随意自由风的时候，头发蓬松着，眼神迷离着，戴一副硬框眼镜，也顿显时髦。

一副会说话的镜框，是沉稳，是张扬，是风趣，是严肃。一副好的镜框，大约是有这种功力的。

托底 小脚裤为衣橱

熟女，无论腿粗腿细，一定要有一条小脚裤才行，就是那种也经常被叫成锥形裤、吸烟裤、铅笔裤的裤子，当年奥黛丽·赫本经常用它来配平底芭蕾鞋，它是时尚界公认的百搭王，也是我心目中优雅裤型的典范。

罗马布面料、西装面料，或者牛仔布做成的小脚裤很多，你能在很多渠道找到，收起裤脚，又不像打底裤那样紧裹腿型，都是好搭好穿的东西。我比较介意的是有哈伦裤倾向的胯部略肥的小脚裤，长腿女孩倒还好，假如你只是长了平凡双腿的话，就比如我，那是不加分的选择，完全实现不了你想要的显瘦要义。

小脚裤的天赋使命就是显瘦。一条黑色的小脚裤，几乎能通行四季，与各种厚薄的衣服搭配。春天的针织薄衫与小脚裤搭，夏天的真丝衬衫、大T恤与小脚裤搭，秋天穿oversize衣的时候，你选小脚裤，也搭，到了冬日，北风呼啸，人们穿得臃肿，而长大衣、羽绒服的你，下搭一条小脚裤，臃肿轮廓间的挺拔形象，会让整个人看上去利落有型。

纤细如赫本那样，以小脚裤配芭蕾平底鞋，那是我心目中的极致优雅，假如你和女神一样，也是纤细类型，那这种配搭一定不要错过；而假如，你只是寻常身材，腿不够细，也不够长，甚至还有一点儿胖，那么，小脚裤搭平底鞋还是会冒不少风险的，我会建议你选择尖头细高跟鞋，坡跟也可以，只是不如细跟鞋来得抖擞俏丽。有了高跟鞋垫海拔，你的腿会瞬间被拉长五厘米。

身形小巧的女孩配芭蕾鞋，是对小脚裤放松优雅味道的诠释；除芭蕾鞋外，你配牛津鞋，配乐福鞋，则会有另一种英伦学院风。特别排斥的，是用小脚裤来配球鞋，即便球鞋大行其道的今天，用罗马布、西装，或者是休闲牛仔布做成的小脚裤配球鞋，都会轻而易举带出正在参加运动会的感觉。别跟我说，街拍上哪位明星灰色小脚裤配白球鞋穿得真好看，你看人家脖子之下全是腿，我们，平凡人

类，还是老老实实地远离球鞋吧，优雅小脚裤，终归是要穿出几分俏丽的，否则，干吗选小脚裤呢？

长摆的复古风洋装，穿起来最舒适了。没有拘束感，十分轻松自在。不过朋友们都说，那种装扮看起来好像是要去田里拾麦穗呢。

——塔莎奶奶

CHAPTER
05

潮流易逝，
经典永存

她的名字叫作克莱尔

许久未看《纸牌屋》，最近抽空疯狂在看。

以前，我们很容易会被那些有力量、够果断、目光老辣或者炽热的雄性荷尔蒙吸引，如今，《纸牌屋》的片头曲一开，"克莱尔们"一登场，那熊熊的"非典型女性气味"就扑面而来了。

眼角的小细纹，随着表情的起承转合，被看得清清楚楚，却真是美啊，细密，有力，竟然，还能看出小细纹的智慧味道来。

目光早已练就得冷静又犀利，什么大风大浪没见过，"不动声色"是女人们披挂起来的华丽战衣，好优雅！

比模特还标准的练家子小身板，穿修身职业套装，再或者，那种传统的修身极简连衣裙，克制，严谨。尺码不大不小，身上的肉也不多不少，且，瘦而不弱的身板，是有力量的，你看克莱尔的肩膀、胳膊，还有踩在细高跟鞋上的结实小腿，大约，会发出和我相似的感叹吧，这样的职场装好时髦，这才是真正意义上的高级大气场。

脑子里的时髦概念顿时就被这种女人形象取代了。不停感慨着，有一副这样瘦而不弱的身材太重要，假如你还跟我说减肥减肥，我会觉得这多少有点老土了。"瘦是王道"没有错，可瘦的同时，能像克莱尔一样有力才是真正的高级感。

就像健身教练评论中国模特时说的那样，很多的中国模特都是"瘦里胖"。你看她的三围，已经瘦到几乎嶙峋的地步，可仔细端详，胳膊、大腿、屁股、腰，因疏于锻炼而形成的松散，即便是瘦，但并不美，软塌塌的，缺乏力量感。

是的，克莱尔那样的女人们，身上有股让人惊叹的力量美感，不粗鲁，更加不会显得不聪明，那是雌性荷尔蒙绽放出的高级感，和雄性不同，优雅中的力量感，真正做到了刚柔并济。

曾经有本书叫作《美女都是狠角色》，书我没看，却对书名点头称是。别的不说，单从外表上论，一个看上去漂亮的女人，能让自己长期保持容颜美丽、身姿窈窕的女人，不对自己狠一点儿，基本是不可能做到的。

纵然是多么天生丽质，假如不想办法维持，假如对自己不够狠，坐吃老本是不长久的。我见过太多青春年少时的班花、校花，一到中年就显出颓唐像。

要长久美下去，严格的自我管理是必需的。像克莱尔一样，每天早晨六点半出门跑步，雷打不动。你羡慕她的好身材，先看看人家为此付出了多少。

再说"克莱尔们"的衣服。要赢下整个宇宙的女人，是多么热爱黑、白、灰啊。戏里大多数时候，她们穿得最多的就是这三色，顶多，再加上冷静的藏蓝和优雅的奶油色。

黑与白，几乎包办了整部剧的大半行头。黑色，展露"克莱尔们"的职场野心，至于白，很多的关键场合，要赢得对方的好感，取得好印象，"克莱尔们"会选择它。克莱尔在第四季里频繁穿起白色连衣裙，当然，她的身材穿白色修身裙太美了，尽管，她的妈妈话里有话告诫她：不要选白色，穿黑色那件，即便，是你那样的身材。

可克莱尔还是义无反顾地穿白色，心机什么的不去说，起码那份明朗优雅，我是感受到了。

细数你会发现，尽管"克莱尔们"是典型的克制极简风代表，却并不抛弃女性优美，反而是一直在强调腰线、胸线，包括她们搭的鞋子、首饰、钻石、珍珠项链，都是优美格调的，野心勃勃的女政客，不能失了民意，更要靠自己的女性力量打胜仗，因此，女性优美是必要的。

最近穿惯了宽松风格衣服的我，再看"克莱尔们"，看她们那些合身的、刚刚好的裙子、外套，瞬间就不想去碰oversize款了。克莱尔扮相，真是魅力超凡。

除衣服外，从她们的妆容、头发上，我们也能窥到不少讯息。胶原蛋白流失的迹象在女政客们的脸上表露明显，但她们似乎并不在意这件事，而是用一种听之任之、接受所有的姿态来回应。

紧跟着，我就被这种老去的容颜迷住了。

当然，这要求她们的妆容更加考究，要有似有若无的精致感，没有什么横粗眉，没有什么梨花头，明明可以靠美貌却偏偏靠了才华的女政客们不需要这些，她们更相信传统经典。

于是，你看到了不粗不细又恰当的眉形，看到了肤色均匀伴着小皱纹的脸，看到了不夸张也不毛躁的头发，淡淡的一抹口红，大约，靠近过去，还会闻到一抹淡淡的香水味吧。

巩俐，真正的东方女神

误解巩俐太多年了。

山东大妞，《红高粱》里，穿一件黄土高坡标志性的花衣裳，这是当年的中国风，加上她的大粗胳膊，于是，"粗"，成了我对巩俐的标签化印象。

最近对巩俐却改观不少。因为要做品牌的内容调研稿，于是看了其参与的电影《迈阿密风云》，必须讲，电影里的她真的惊艳到了我。

瘦削，小脸，嘴唇几乎都是裸色；一道剑眉，衬出巩俐式的独特眼神，柔中带刚，轻中有力，不油腻，不俗媚，清澈得仿佛静开的茉莉，或者说，是介乎花与草之间的一种生物。

巩俐身上有草香，超脱出花的媚艳感。

对电影中的巩俐的评价，有人说：巩俐，注定是世界的。她的确是有大气场的女星。你看过多少回章子怡，也曾为周迅叫好，可平心而论，真正能端得上国际大台面，有十足底气的，在中国，巩俐是第一人。

包括穿衣风格。一直将她视为剽悍、土气、粗、胖代名词的人，快看看人家的身材吧，有几位能赶得上？不仅瘦，还有力量。要胸有胸，要腰有腰，直腿翘臀，穿套灰色西装，或者穿黑色连衣裙，太惊艳！

这太符合当下我对女神的定位了。身材经典，拥有女人该有的销魂身躯，以这样的身躯，穿剪裁精良的基本款西装、连衣裙，踩在高跟鞋上，黑色护法，珠宝加身，绽放出一种男女通吃、经得住时间打量的美。

这种认知上的变化非同小可，我急切着跑去搜索巩俐小姐的更多照片。真心服气张艺谋的眼光，他选的"谋女郎"，巩俐、章子怡、周冬雨，仿佛都有一种相似的气质，却又说不好是一种怎样的气质。

看当年的巩俐，眉宇间好像山口百惠，那位近乎完美的日本女人，多少男人的梦中女神，当年的巩俐好像她。不知张艺谋对女人的审美是否也深受当年《血疑》的影响。

翻旧照的过程，是一场穿越又激动人心的过程。《古今大战秦俑情》，可以说是穿越剧的先驱鼻祖，那时候的巩俐，大漠里拍戏的她，穿件军大衣，头发包着，那样子，还能美得不可方物，全靠脸说话。

与张丰毅的合影，还有哥哥张国荣……往事只能回味。那年的戛纳，因为《霸王别姬》，成就了历史性的时刻，巩俐与张国荣，黑白配，高级到巅峰，也美到极致。太极致了，我们只能追忆，再无超越。那个神话般的男人已经离开很久了，衬出巩俐这般高级美丽的人走了，好在巩俐本身就是强大的，她可以独自傲放。

看当年她和二十世纪九十年代港台女星们的合影，让我想起自己也算是巩俐闯荡港台时期的见证者了。
九十年代，港台娱乐圈的光辉岁月，
拍完《红高粱》《大红灯笼高高挂》
后的国际影后，大陆妞巩俐，她初闯
港台时，我这个大陆妞也是多么没底
气啊，觉得巩俐土土的，和当年那些
风光无限的港台艺人们一起，更是显
得土气。

可如今，心态平和了，目光平视
了，再看她们的合影，才发现，巩俐

多美啊，脸上有种明丽的、值得回味的东西，且清清淡淡，有茉莉香。而在之前，我怎么就从未觉得她是清清淡淡的人呢？此时，被她眼眸间的清淡香气吸引。她和林青霞的合影，两个美人的同框，这可跟如今那些"整容脸"不同，一袭黑装，有故事的人，难分高下。

一九六五年生的巩俐，如今已经五十多岁了，岁月没有将它的利刃对向巩俐太狠，巩俐也借着时光打磨出自己的风韵来。巩俐式的东方面孔，清爽、清丽、轻中有力，却又不是蛮力，好吧，必须说，我对巩俐所代表的东方美有了新认知，顺带着，佩服一下当年的张艺谋。

人间能有几个于佩尔

看金球奖得奖电影，《她》，海报上出现一张熟悉的、冷峻的脸，伊莎贝尔·于佩尔，神一般的演员。

对她，不能用漂亮不漂亮、演技高不高来评价，这些人世间的评判言语对她来说都显得不够确切，她，还包含了更多，跨越时空，超越性别。

人间能有几个于佩尔？原本以为对于她已经不需要多说了，看电影的弹幕，却发现很多小朋友不知道她，嫌女主人公老，问为何用她。亲爱的朋友们，难倒你们真的没看懂这满屏的冷静嚣张？

这部电影仿佛就是为于佩尔量身定做的，只有神一样的她才能镇住全场，换作是别人，那样的剧情，一定会惹来很大争议。

典型的法国女人，瘦，小，有大力量，品位好到爆。

手上拎的灰色包，几乎是从头拎到尾，却被她拎得超耐看；开一辆灰咖色的奥迪，不是宝马，不是奔驰，就是一辆低调奥迪，看得我眼热，那份克制的、自知的、优质的品位，让我不禁暗想，假如我会开车，我也会选她这一辆。

一种聪明女人的自制，不过度，很精准，一如她的身材，没有肥腻感，一如她的衣服，没有夸张、繁复。那些经典的V字领、修身款，还有那些藏蓝、墨绿、酒红……她懂得驼色配湖蓝会发生怎样的化学反应，也知道，一副质地上乘的玳瑁墨镜，会为典雅衣装增添能量。

银幕上的于佩尔，会让品位同样好的你大呼过瘾，这就是你向往的样子吧？起码这是我的，连发感慨，希望自己六十六岁的时候，也能如她这样。

是的，于佩尔今年六十六岁了。

这部电影，关于剧情，每个人有每个人的理解，可以确定的一点是，这样的她，真的是超独立，够剽悍，一己之力搞定所有，不会为任何人流连，不被丝毫情绪牵绊，冷静得叫人窒息，直面过去，该怎么就怎么办，按照自己的方法行事。

真正的强悍一定不是力气上的，而是行为上的，或者说，内在驱动下的外在手段。这是叫人倒吸冷气的于佩尔，也是让人为之振奋的于佩尔。

有一种女神，叫作伍迪·艾伦的女朋友

每次看伍迪·艾伦的电影，都不禁感叹：选音乐的品位真好啊，选女星的眼光也是真好啊。

经常在电影里客串出演的伍迪·艾伦，与他搭档对手戏、演他女朋友的演员都是可圈可点的，相对来说，尽管斯嘉丽·约翰逊性感、新鲜如蜜桃，可看过十几、几十年前与伍迪·艾伦对戏的女搭档们（其中几位还变成了他的现实女朋友），你会感慨，其实她并非最精彩的。

他接触的，可都是极品啊，当中有艺术画家范儿的，有知性干练范儿的，当然也有斯嘉丽般的尤物……一个个论颜品、论衣品、论艺品，都是大名鼎鼎、响彻云霄。

有一种女神，叫作伍迪·艾伦的女朋友，嗯，这点我深以为然。

戈尔迪·霍恩

无意中看到《人人都说我爱你》，大咖云集，当年的"小鲜肉们"，爱德华·诺顿、德鲁·巴里莫尔，还有演一个十四岁情窦初开少女的纳塔莉·波特曼……看电影不看重点的我，把目光锁定在了演伍迪·艾伦前妻的女士身上。尽管是一票演员中戏份不多的一位，可她就有本事在举手投足间透出风情、大气场。

戈尔迪·霍恩在戏中演一个不差钱、整天做着慈善活动的女人，衣着自然也是符合那个阶层格调的。我一直钟情于此种中产品位，衣服设计得不张扬，衣品却老辣刁钻得很。你看她穿松松垮垮大衬衫、上直下也直的套装、修身小黑裙，眼尖的我，顺带着窥到了那串纤细的Van Cleef & Arpels手链。

结尾处，与伍迪·艾伦塞纳河畔舞蹈的一幕，我真心要说一句，把多年后的《午夜巴黎》甩出了多少条街啊。穿了黑色礼服的两个人，在午夜灯光的缠绵烘托下，在巴黎子夜的浪漫空气里，浪漫，经典，看得直教人心醉。

于是跑去搜索戈尔迪·霍恩为何人。竟然呆住，相册里的老照片，好几张都是"时尚教科书"里的熟悉面孔，透着浓浓的二十世纪六十年代风味：沙宣发，穿玛丽官裙，那双腿，好美。

比身材、衣品更赞的，还有她身上散漫流淌出的精灵味道，那真是浑然天成啊，而有其母必有其女，你猜她的女儿是谁，凯特·赫德森，没想到吧？你说，是母亲更棒呢，还是女儿？

仁者见仁。

海伦娜·博纳姆·卡特

把海伦娜归类说是伍迪·艾伦的女朋友之一，这多少有点牵强。不为别的，只因现实中她身旁的另一个男人太剽悍了。一九九五年的她，还没和那个叫作蒂姆·伯顿的男人出双入对的她，《非强力春药》这部电影里，海伦娜是伍迪·艾伦的画家妻子，戏份不算多，却足够叫我记住。

为什么？顶一头浓密的鬈发，穿肥肥的衣裳，格子，条纹，粗线大毛衣。其中一幕，肉色吊带超短裙，空装上阵，看得人血脉贲张，却丝毫不低俗。一股天然的不羁美感，压得住所有的猥琐、邪性。那条裙子，和后来《欲望都市》里凯瑞穿的那一条很像，而身材，明显海伦娜的更好，不羁感更强，还透着丰满躯体下的精灵内核。

而当她和蒂姆·伯顿搭在一起之后，"英伦玫瑰"不见了，变作一个头发凌乱、走到哪儿都涂着黑眼圈的"巫婆式女神"。很多传统的英国人心碎了，而全世界的"海伦娜迷"和"伯顿迷"却抑不住狂喜，即便她总一副无精打采的样子，总一副薇薇安·韦斯特伍德娘家表妹的模样，爱他们的人则会说，天生一对啊，魔性一家亲。

后来，海伦娜出演了《国王的演讲》，重回戏路扮演高贵贤淑，英国人又感动哭了，他们的"英伦玫瑰"回来了，尽管，在电影之外，海伦娜还是海伦娜，还是那个和蒂姆·伯顿混一起的"疯婆娘"。

嗯，不疯魔不成活。

米娅·法罗

假如海伦娜被说成伍迪·艾伦的女朋友显得牵强，那米娅·法罗的名字，就是和伍迪·艾伦深深相关联的了。

长相不算出众的她却是那个年代的时尚楷模，一眼望去就是意见领袖、思想者，如此，和伍迪·艾伦也是蛮般配的。而且，人家也真的和伍迪·艾伦一过就是十年。尽管未领证，却育有一双儿女，并共同抚养过养女，就是这位养女，后来变成了伍迪·艾伦现在的妻子。这事儿，也是江湖上人尽皆知的了。

对米娅·法罗有感叹是从《魔鬼圣婴》开始的。这部时装电影史上怎么也绕不开的作品，真是让我大开眼界。一九六八年的电影，满满的二十世纪六十年代时髦腔调，玛丽官裙，矮跟船鞋，格子长裙，Burberry风衣……

不能忽略的，自然是米亚·法罗的标志性短发。那是导演波兰斯基花五千美金特意把沙宣先生请来为她剪的，不甚漂亮却足够有灵气的她，短发之后，那股都市洋气劲儿，就算搁当下，依然是美极了。

那真是一个提起来就叫人热血沸腾的年代，摇滚乐、酒精、天才、肆意妄为……在那个氛围中熏陶出来的米娅·法罗，举手投足间流露的，自然也非当下的所谓"女神"能比。

职业女子，唯这种，我服

推荐一部电影，《斯隆女士》，相信我，你一定要看，且你会和我一样会忍不住看两遍的，甚至，两遍以上。

先说说这位斯隆女士的职业人设，中文翻译是"说客"，效力于让美国法案通过的拉票公司，一个一个游说投票人，一张一张拿下选票，这样的人，思维缜密，一环扣一环。

一如斯隆女士在电影开头说的那样，你要把精力放到对手身上，知道对方的底牌，在对方亮出底牌后，才亮自己的，攻其不备。

这样的思维逻辑，要求人相当严谨，逻辑性强，且高度自律。她的团队小朋友们，之所以死心塌地跟随她，我想，除了傲人战绩和不俗薪水，斯隆女士超乎常人的行事风格也是十分吸引人的。

她会跟队友广泛沟通，却又有所保留；她会和大家并肩战斗，通宵熬夜，而辛苦做出来的种种，很有可能，只是一个掩护，是迷惑敌人的假象；她会为了赢而不择手段，非法窃听，利用身边战友，甚至是利用自己。为了赢，她能把自己抛出去。你说，这样的人，是不是很可怕？

赶快去看吧，别让我再透露更多细节，抛开剧情，这里想跟你多说几句的是斯隆女士的着装。此剧，是完美的职场女精英着装范本。

先说斯隆女士的人设，一九七六年生人，生日是七月二十六日，狮子座。而其实，你看完就会发现，她并不很像狮子座，反而更像缜密的天蝎座。

她不年轻了，身材却保持得很好，丰满，有曲线，衣服保持职场的黑、白、灰色系居多，偶尔会用艳丽色内搭衬黑色外套。

白皮肤，金色偏红的头发，眼睛凹陷，嘴唇薄，涂红唇，这样的"劳模姐"杰茜卡·查斯顿，让我忍不住联想起伊莎贝尔·于佩尔，要知道于佩尔可比杰西卡·查斯坦年轻二十岁，真是让人惊叹。

杰茜卡·查斯顿在《斯隆女士》当中的衣着，完美诠释了我对职场女精英着装的挑剔偏好。行走职场，她一定不是《穿普拉达的女王》里的样貌，也不是《夜行动物》里汤姆·福特式的女强人，她们都不现实，仿佛高处云端。

《纸牌屋》里的克莱尔很棒，但稍显干涩，短发、裸妆、笔挺职业装，你甚至看不到克莱尔穿真丝质地的柔性衣裙；还有《傲骨贤妻》里的女战士们，因为年龄、身材的关系，尽管她们气度卓越，却会有一丝老气的嫌疑；再看杰茜卡·查斯顿出演的斯隆女士，于是知道了，我爱的极致职场装，其实是这样的。

修身，紧绷，无论连衣裙还是西装套装，搭的都是尖头细高跟。电影的开篇特意给斯隆女士的"战靴"来了个特写，十厘米高跟，单看这双鞋，就很想去认识鞋的主人。

再说到衬衫。我爱斯隆多过克莱尔的重要原因也在这一点。或许因为她本身就比克莱尔多出不少女人味，于是，她选真丝衬衫格外多。看《纸牌屋》的你当然也知道，克莱尔更爱制服衬衫，不同人设不同性格，在我眼中，斯隆的那些飘带款或者青果领真丝衬衫，将说一不二的女魔头衬得柔美不少。

所以，假如你也是经常要穿西装的人，假如你也是这种基本款西装的拥趸，建议你如此参考，刚柔并济才是妙，再强的女人也别忘了那一抹柔性之风。

还有红唇。很多看了电影的人立马就去买了斯隆女士的同款唇膏。所向披靡的斯隆女士，红发迷人的她，涂大红色简直太好看了。剧里，她只有两次没涂大红色，一次配合紫色衬衫涂了玫红唇膏，另一次，则是裸色，这两次的她，都显得有些颓唐，一旦大红色涂起来，你就知道了：前方高能。

最后说说斯隆女士的钻石耳钉。这其实是我最想聊的部分，忍到最后，因为她太豪了。

好大一颗，起码三克拉吧，几乎就没摘下来过，极简，大颗，冷静光芒，一如斯隆女士的个人运行模式，简洁有力，光彩夺目。你看她戴钻石，再不爱钻石的人也会被鼓舞，智慧光线，代表着权威、力量、财富，代表着一个女人的身份段位。

突然有种想去逛珠宝店的冲动。是的，我不好奇那些红宝石、蓝宝石，冷静钻石却很棒。理性光艳，或许它真的是女人到了某个节点都会爱上的东西，因为一种惺惺相惜，质感相同，交相呼应。且，它太好搭衣服了，白衬衫搭钻石，白衬衫会显得好高级；黑色修身裙搭钻石，说一不二，又有着剔透晶莹的美。

想当年，身边爱钻石的姐姐跟我说，每个女人看了钻石都会发疯，我将信将疑，如今，斯隆帮我开了窍。

我女友说了，职业女子，唯这种，我服。

是的，大写的"服"！

神啊，请赐我布里的缤纷衣橱吧

重新看起《绝望的主妇》，距离上一次看相隔三年有余了，在最近这段疲劳又不太明媚的日子里，再看戏中几位女士的故事，顿时看出欢乐来。

每人都有一脑门官司，每人都带着各种情绪在处理自己的难题：太多的孩子和家务，被搞错的亲生女儿，更年期遭遇姐弟恋，等等……

这些剧情不是很正能量，却很奇怪，你不会看到焦灼、恐惧，反而会看得喜笑颜开。那些女人，身陷各种麻烦的女人们，却没有多么消沉，即便是，样子有些尴尬的时候，姿势不太美的时候，却还是嘻哈笑笑，除此再不会别的。

看看那些女人，依然还在傲娇着，凛冽着，自我解嘲着，顿时觉得自己眼前的一些不快并不算什么。

那股子骄傲的精气神儿真棒啊，哪怕是有着女人的心计、暗算、争风吃醋，都鲜活得叫人振奋。我不想说什么岁月静好、云淡风轻，我爱这几位大食人间烟火的世俗女人，美丽，率真，像战士一样。

女人身上的魅力，有的是云淡风轻造就的，有的是逞强好胜得来的，动与静不是重点，重点是那股内里的自信和真实，在我看来是再难得不过的东西。

与其做个圣人，做个完美的人，倒不如做个带着各种小娇情、小傲娇、小自私、小笨拙的自信普通人来得生动。

有女友问：几个人里，你最爱哪一位？

一定是布里啊。这个答案，在我看《绝望主妇》第一季的时候，是无论如何也想象不到的。

那时候觉得布里好乏味，别说最爱，可以说是最烦第一名了。一个看上去优雅的、井井有条的女人，却让男人感觉辛苦，那时候，布里给我深深上了一课：不是完美的女人就是最棒的，能做到让身边人感觉放松、自在的才是好。

连带着布里的粉色套装、珍珠项链，我都会忍不住觉得这是乏味人设的标配。是的，延伸想到的，还有《广告狂人》里丹的前妻，那位同样优雅的，像芭比娃娃的金发女人。

看到《绝望主妇》第七季的时候，我有些惊呆了，布里在结束另一桩婚姻之后，直接上演了"姐弟恋大戏"。这还是当年那个把男人照顾到发疯的女人吗？还是那个严谨得叫人窒息的女人吗？相较当年，布里老了，也瘦了，头发依然还是一丝不苟；着装风格有了变化，却依然是优雅经典的基调，眉宇间，你能看到布里有些活开了的神情，生动多了，即便是在姐弟恋中的纠结，都显得有趣可爱。

进入更年期的女人，和小自己十几岁的男孩恋爱，画面毫无违和感，这样的布里，连带那些衣服，都让我觉得好看极了。

身材好是王道，瘦到穿T恤和牛仔喇叭裤都惊艳无比的布里穿起她的看家衣服来，没有半分中年妇女相。抱歉，我说了这么残酷的话，是呀，论年龄，布里完全称得上"中年妇女"四个字了，可论做派，一举一动，又是一个生动的轻熟女。

细数布里的衣橱，在我眼里大致由三部分组成：一，针织衫；二，真丝衬衫；三，修身连衣裙。

没有多出位的样子，时髦款式几乎没有，可就是这样的非潮流款衣橱，却让布里魅力四射。不禁感叹，拥有一个布里这样的衣橱，就能搞定一切了。

说起针织，再难找到第二位比布里更爱针织衫的人了。不是当下流行的黑、白、灰、oversize，布里的针织衫，充满了浓浓的二十世纪六十年代的腔调，颜色鲜艳，像水果糖，修身款，精致熟女格调，V字领，优雅开衫，加上布里的修长脖颈、完美胸型，这样的审美，是典型的传统美女风格。

居家时候，配牛仔裤，简练又柔软；外出与闺蜜聚会的时候，配上丝巾，深度强化的六十年代格调；配珍珠、吊坠项链，针织的幸福愉悦，被布里穿出风采。是啊，细致针织，是应该可以穿出愉悦感的，看着愉悦的女人真是叫人欢喜。

除了糖果色针织，布里的另外一个居家必备是各种衬衫。和她的熟女感针织不同，布里会选择中性风的"男友衬衫"，颜色不是你熟悉的黑、白、灰，依然给自己选糖果色，漂亮的宝蓝，瑰丽的酒红，爱穿牛仔裤的布里，配上蓝色的中性风衬衫，这个聪明的一头红发的女人，不由叫人感叹一声：Amazing！

布里的"熟女密码"里面，不能忽略的是那些飘带衬衫们。对于一个有幸福感的熟女，我觉得是该有布里这种飘带衬衫的，有些幸福感，是在衣服的仪式感里暗示出来的，经典的飘带衬衫，修饰女人的柔软柔美很有效，真丝质地，飘带打结，然后，像长腿布里那样，配铅笔裙，或者配牛仔喇叭裤，经典。

至于连衣裙，特别建议爱穿裙装的熟女们参考一下布里的这种。身材骄傲的布里算是各种连衣裙的"铁粉"了，她给自己选择的款式腰身部分都不复杂，当然也是得益于她的好身材，无须过多地修饰遮挡，颜色多为一色，V字领、大圆领、一字领……适合不同的气氛场合。

这样的布里还是当年那个刻板的，只知道做饭打扫，严苛细节的主妇吗？衣服依然是优雅的，做派却生动了许多，连带着，让那份优雅也变得性感生动起来。

神啊，请赐我布里的缤纷衣橱吧！

风衣究竟可以穿多久

我是可以将风衣从春天一直穿至深秋的人，夏天很热的时候，一件真丝长风衣，也会在穿梭各个空调办公室的时候拿出来穿，它是我的真爱，风衣身上的那股洒脱利落，或许契合了我内心深处对于自我定位的向往，想想看，做一个明媚、独立、飒爽英姿的女郎，是不是很叫人喜欢？

和品牌专柜厮混很熟的日子，春天里，经常会听店员说，风衣不好卖，春天太短了。我就很困惑，明明可以穿很久啊，那些传统款的各种风衣，卡其色、藏蓝色、纯黑、纯白……天生喜悦的女人还会选择淡粉色、天蓝色……一件长至膝盖的军装风经典款风衣，配连衣裙，配小脚裤，或者夏天里配短裤，秋天里搭T恤、衬衫……衣袖簇一簇，衣领撑起来，那样子，好迷人。

无印良品每年都在卖的那种非常简单的直角翻领、直筒裁剪风衣，带着浓浓的日系风，有种日本人特有的克制优雅在里面，这样一件看似保守的风衣，其实是扮靓利器。春秋天，一件这样的风衣，一件衬衫，一条九分阔腿裤，一双两三厘米的矮跟鞋子，手里再拎一只职业感的素色包包，女人的精巧与克制，就跃然纸上了。

作为一个深爱风衣、恨不得一年四季都要风衣不离席的女人，在炎热夏季也要给风衣找寻一席之地。真丝的oversize长风衣，柔软中的慵懒随意，廓形上的洒脱利落，成就炎炎夏日里的独特风景。对了，爱风衣的我，夏天还给自己找到除真丝面料外的另一种选择。当年看《老友记》，时髦的瑞秋穿网纱面料的军绿色长款风衣（说是风衣，其实就是加长版的长开衫），简约的设计，小翻领、直筒型，搭配牛仔裤、T恤衫，干脆开朗的女孩，让我看到都市风的另外一层注脚。

爱长风衣多过短风衣的我，却也会在出外勤的时候，给自己选有工装风的短款风衣。多几个口袋，直筒，不娇柔，不迂回，甚至一直爱的风衣的洒脱劲道也没了，取而代之的是一种专业感的严谨利落。这是几年前我排斥的扮相，如今却读懂了，这是帅气女孩的斯文时髦，谁说帅气不性感？它发掘出了难得一见的不同侧面的我，顿时就心花怒放了，对风衣的热情，变得更高涨。

遗憾的是，在中国北方，冬天是无论如何也没法穿风衣的，风衣款大衣外套，那是我们对于风衣的爱的延伸加长版，你瞧，事实胜于雄辩啊，风衣，是真爱了，无疑。

　　现代女性之所以现代，就是因为对自己有要求，除了找爱情、生孩子，还希望在事业领域里仍有自己的空间，又希望婚姻融洽，亲子关系良好，同时又要靓，又要瘦，又要追上潮流，又要寻找心灵的平静，还要不断学习，保持内外都生气勃勃。

——黎坚惠

CHAPTER
06

美是一种
内心能量

要做"被自己喜欢的姑娘"

无事翻博客，翻到了徐静蕾那个"鸡毛蒜皮与鸡毛蒜皮"的账号，两张黑白照，干净、甜蜜的一张脸，有气质、很淡然的一张脸。

忍不住赞叹一声：美。

徐静蕾退出人们的视线有一段日子了，当年，博客兴起的时候，她是博客王，后渐渐淡出，这一两年间，你几乎快把她忘了吧？

我也是在前段日子寻觅四十岁上下女星的容颜时，才想起她。曾经的四小花旦，其他三位依旧经常见诸报端，赵薇越来越霸气，章子怡进可攻退可守依然还是"国际章"，周迅嫁作人妇后灵性减损，公众褒贬不一……而徐静蕾，仿佛是个特殊的存在，活得特别不像现下时代的女明星，甚至，连导演她都不像，看上去她仿佛在过一种"佛系导演"的生活。

有女友说起徐静蕾：她长了张"咱有文化爱谁谁"的脸。

不禁被逗乐，是啊，一路走来，徐静蕾这个彻头彻尾的文艺女青年和多少文化文艺大咖发生过关联？王朔、韩寒、黄觉……被王朔说一句：我们家老徐最好了，徐静蕾顿时就和一干演艺界人士划清界限。

这样的她，自然是有张有文化的脸，你看她这几年的爱情，看她一点也不急着结婚，却和自己喜欢的型男才子谈恋爱；恋爱了，也不秀恩爱，你在她的微博上根本看不到半点爱情渲染，徐静蕾那股子爱谁谁的劲儿，也真是没谁了。

在她的微博里，还看到这样一句话，是关于女人们都爱的时尚：要是"潮流穿什么我就穿什么"，那不是"时尚"是傻好不好。

北京大妞惯有的爽利，真切表达自己的心声。

要说，徐静蕾的时尚段位有多少，平心而论，是不合格的，起码在我眼里如此。当年拍《杜拉拉升职记》，动用全球顶尖的造型团队，她自己也以一种用力过猛的姿态穿靓衫、踩高跟鞋，而她呈现出来的，明眼人一眼便知，与其他几位同场飙戏的女明星比时髦的话，她是排末席的，但这一点上，你是不是也该称赞一句：够大气？

所以，我不会把徐静蕾归类在时髦女青年的范畴里，包括她之前做公益，亲自设计售卖的包包，实话讲，那些包良莠不齐，但徐静蕾就是徐静蕾，同样都是女人，当你一路走过，走得越久，大约，越爱这样的她。

像女友说的，有一张"咱有文化爱谁谁"的脸，徐静蕾不是脑中空空的人，有思想、有态度，活得越来越随性。

我最近在看各种文化脱口秀，抛开嘉宾们学贯东西的渊博不谈，实在说一点，文化，不能说是最好，却一定是非常好的滋补品。

被文化滋养过的一张脸，无论你年龄几何，无论你先天长得好看不好看，都会绽放一种特有的、耐看的美。

最后套用徐静蕾的金句作结：为什么我们要被教育做一个"讨人喜欢的姑娘"，而不是"一个被自己喜欢的人"。

嗯，共勉吧。

天生自带传奇体质，你也可以

假期赴家宴，一大家子人聚一起，这样的聚会，一年凑不了几回。

有的人没怎么变，有的人却变化大得叫人跌破眼镜。

表姐今年五十岁，穿起了孕妇装，起初很不敢相信，怕把发福当怀孕，后来确认了，除了惊讶，只剩下满满的佩服。

不是那种为了二胎拼老命的人，也不是为了生个儿子搏一把的人——儿子即将上大学，老公和她都很满足于当下的家庭架构，突然有新成员造访，又惊讶又惊喜。

作为高龄产妇，起初当然也是怕的，可转念想，这是老天赐予的孩子，而且，这个年纪还能怀孕，是不是很了不起？

索性要了吧。表姐是那种一不做二不休的人，也是不按常理出牌的人。自家小妹的评价是，她身上发生什么事我都不会觉得稀奇，她就是自带传奇体质的人。

自带传奇体质，你身边有这样的朋友吗？经常剑走偏锋，做了别人想都不敢想，或者想了却万万不敢去做的事，而且，居然做成了，越冒险越成功，越成功越冒险，这一路下来，他们身上那种所谓的传奇体质，仿佛也就根深蒂固了，你甚至会觉得，人家天生如此吧。

可哪有什么天生如此，表姐也是越冒险越成功，越成功越冒险的人，曾经她只是爸妈单位保分配体制下的杂货铺销售员、公交车上的售票员。后来，凭毅力一科一科地考过了自学考试本科，然后，又一举拿下了会计师资格证的考试，后者据说很多大学是学财务的人都觉得头皮发麻，一把能过，这几乎是不可能完成的事情。

可她偏偏就是一把过。再后来，她的剽悍人生蔓延开，在财务事务所做得风生水起，几年下来，这个自学冲出来的财务师升至了事务所合伙人的位子，手上动辄就接世界五百强或者著名国企的大单子，而她，性格大剌剌，不是你想象中的高级骨干精英，不拿捏也不端着，出差东北，大盆喝酒，大口吃肉，用广告语形容就是，"尽享快意人生"。

某日，这个大盆喝酒大口吃肉的大剌剌表姐，突然跟我说：看看我写的小说吧，打算把家族故事写成长篇……

很是好奇，拿到文字一读，顿时呆了，文字考究得无以复加，难以想象这是平日里粗线条的有着现实财务思维的她所写出来的，太叫人吃惊，同时也让我对这个大剌剌的表姐刮目相看。

此番，更是呆住。身边生二胎的很多，大都是二三十岁年纪，有四十出头的，我都会投以钦佩目光，没承想，自家表姐五十岁年纪再怀孕，用她的话调侃就是，现在退休不能看实际年龄，而是看生理年龄，直言当初想要二胎，"八年抗战"都没行，今年，儿子要高考，她迎来最忙碌的一年，却偏偏，就有了。看这个个子不高，利落务实的表姐，除了惊叹，不由得做其他深想。

我最近在看《平台》这本书，书中提到一点：你不能有平庸思想。

对工作的要求，平庸预期就收获平庸结果，平庸要求就带来平庸水准，那些对每一站、每一个细节都高标准的人，对每一个机会都充满奇特想象力的人，才能自带气场，也才能期待搭建起自己的荣耀平台。

这话对我是有启发的，我们每天都在面临各种机会，当然，你也可以说是挑战，是麻烦。可面对这些的种种，你作何态度，是本着精益求精的心更近一层，还是差不多就行，应付了之？时间久了，我相信这最终会造就很大的差别。

推而广之，说回表姐的所谓自带传奇体质，在我看来，这何尝不是因为她对待每件小事都精明勤勉？遥记得她在杂货铺柜台后面看教材的样子，遥记得她将床头贴上大片英文单词的样子……这样的人，对待工作就更是精明又果决了。

或许是一路走来太不易，她才把机会看得特别重要，不浪费任何一个机会，这样的人，比别人胆子更大，比别人更拼，搏出一个传奇，也是正常不过的事了。

这和《平台》作者给出的态度如出一辙，甚至，和电视剧《那年花开月正圆》都很像。电视剧终究杜撰，而即便作为杜撰的故事，周莹那些大胆为之、不妨一试的言行也给人留下了深刻印象。限期将至，面对步步紧逼，周莹会说："还有三天？不是还有三天吗？"

临危不乱，搏到最后一刻，我想这是支撑人家最终成为首富的关键。

当然，三分天注定七分靠打拼，有天助，再加上人为，就厉害了。

我们大都成不了"女首富"，我们或许也没想过五十岁再生产，我们却也有自己的朴素期待。对属于自己的机会，精进一下，把机会放大，将挑战变成一次又一次的生命跨越，准备再足一些，胆子再大一些……天生自带传奇体质，相信，你也可以。

论女人敲锣打鼓地热闹的重要性

翻闲书。蒋方舟的《东京一年》，是上次去书店做主持，对方馈赠我的礼物，一直没有拆开来读。

趁这几日空闲，选了这本书来看。

书中提到日本平安时期的风流才女和泉式部的故事。说是才女，看她的手录，日常真是有些无聊，整日掰着花瓣数"他爱我""他不爱我""他爱我""他不爱我"，完全不像历史上被渲染出的风流不羁的女子。

蒋方舟的原话是：假若她是生在平安时期的爱嚼舌根的女人，也会愤愤不平，也不知道敦道亲王看上她什么。

然后，她也自己回应了自己的疑惑：并不是她作为声名在外的才女的一面，而是她这种敲锣打鼓的热闹。

时而吃醋时而闹别扭，像个女人，而不像个亲王妃。

同样热闹的，还有杨玉环。张爱玲写杨玉环是这样的：杨玉环的热闹，我想是像一种陶瓷的汤壶，温润如玉的，在脚头，里面的水渐渐冷去的时候，令人感到温柔的惆怅。

好一个"敲锣打鼓的热闹"，颇有几分画面感，也能想到几位现实生活里气息热闹的女子。是的，就有这样的人，不见得非是大美女，面相上也不见得是精致考究的，可就是给人一种热乎气儿，一种直接赤裸。蒋方舟猜测亲王爱上和泉式部的，就是这份热闹，不管不顾，争风吃醋又犯小性子，我相信，这一定是有分寸的，否则，亲王早就对她烦腻了。

一个女人，一个敲锣打鼓地热闹的女人，在爱情里，或者在家庭婚姻里，是比清冷着的、高洁着的女人要热络、吃香很多。

这就好像是做生意的人喜欢大红大绿、大金大银，闪闪亮亮的多好啊，热闹啊，喜庆啊，我不懂得看相，不知传统说的旺夫相是否也和这敲锣打鼓式的热闹有关，有敲锣打鼓式的热闹的女子，大约都自带喜感与明朗吧，无所谓美与不美，那股热闹劲儿，就很有感染力了。

可人的底色真的就是不同，有的女子，天生敏感多汁，天生就是心比比干多一窍，爱一个人爱到肝肠寸断，耗费心思耗费到发丝，可，或许也正是这内耗的心理太盛了，你再说，要记得敲锣打鼓式的热闹啊，她那边，早已气若游丝了，心思已经用到骨子里，哪还有力气去争去夺去舞去蹈？

心底里有炽热波澜、面子上人淡如菊的女子，相较那种敲锣打鼓热闹的，终究是有些吃亏的，只能求得说，前者遇见宝玉，遇见真正有缘人，懂得你的那份心思，否则，大多数平凡男人，你要他去懂你的良苦用心，懂你的百转千回，不大可能。

男人是怕累怕麻烦的，别说男人，女人何尝不是？将心比心，问问自己不也是吗？就像，累了一天，回到家，你是想看喜剧、偶像剧、肥皂剧，还是文艺片、灾难片、悬疑片？当然是前者啊，前者不动脑子就能收获快乐，这是再正常不过的事情。

做人，何尝不是同样道理。

也爱那一种光鲜的、闪亮的芭莎风格

有一个很有意思的现象：身边很多事业骄傲的女子，似乎都爱同一种风格，那是一种光鲜的、闪亮的风格。

文艺女生会觉得它太张扬了，缺少一些含蓄美。从头到脚的奢侈品，从头到脚的华丽，Roger Vivier的方块鞋，人手好几双；Chanel2.55，你有我有她也有；Gucci的小蜜蜂，从包包到鞋子，通通搞到手……

拎Celine的人和背着Gucci蜜蜂包的人是不同的，Celine终归是文艺象征，那些事业傲人的女子们更爱Gucci、Chanel、Fendi，老牌子LV对她们来说其实也有些沉闷了，反倒越是光鲜的、嚣张的流行，她们越喜欢。

一两个爱这种风格的，我尚可理解，可当我发现身边很多爱时髦又自己打拼赚钱的女人，都偏爱这种风格，就需要好好研究一下了。

这里必须说，起先，我是很看不上这种华丽的时髦的，觉得就是用钱堆砌出来的浅薄好看，好看得没什么味道，甚至，还有种嚣张、物欲横流之感。但当我走近她们，试着去理解她们每天的打拼、每天的战场，似乎，对有些东西，就看懂了。

我的总结是，她们的这种外在光芒，往往和躯壳里那颗奔腾的心密切相关。

"够胆"是这种女人共有的特质，也是靠着这份胆量，她们攻城拔寨，让理想变成现实。从这个层面上看，你不得不说，这种骄傲的力量是多么值得歌颂啊！她们是现实里的实战派，而且，在很多时候，她们真的赢了。

一个人通过剽悍的行为收获满满的时候，释放出来的光芒是不一样的，那里没有拐弯抹角，没有思前想后，没有一丝一毫的怯懦。所以，投射到外在的审美上，你或许会觉得那缺少了一些含蓄美，缺少了你喜欢的内敛。但这时候，要求她们懂得含蓄美，起码对于大多数剽悍的胜利者而言，要求有点高了，说不定，等到她们修炼得更优秀的时候，会迈向那个层级，而在当下，能做到眼前的灿烂光鲜，就足够了。

我将她们爱的这种风格称之为——芭莎风格。

是的，这就是我眼中的芭莎风格。作为一个早年的时尚杂志从业者，原本我是不喜欢《时尚芭莎》的。同是国内杂志，《ELLE》会比它精致，《时尚COSMO》比它厚重，《瑞丽伊人风尚》则是都市白领的日常教科书……《时尚芭莎》在我看来，就是披着简单的物质华丽，没有深邃的"走心"部分，也不够海派优雅。

可未曾料到，多年后，当我离开杂志业，再翻时尚杂志的时候，我的选择居然是《时尚芭莎》。这和苏芒女士有莫大关系。苏芒，《时尚芭莎》前总编辑，作为地道的山东女孩，苏芒有着北方人的豪迈大气，同时，她也足够聪明。

大约十年前，我采访过苏芒，面对我的提问，她几乎是不假思索，对答如流。这也形成了我对她的最初印象：实用多过走心。走心的呈现模式应该是怎样的？至少，会思考一段时间再回答吧？所谓的谨言慎行。当然，谨慎思考伴随而来的则是，言语间你会觉得对方不够锐气。

十年之后，当我再看这个不太懂得含蓄的锐气女人，竟然，看出了一些骄傲的美感来。过瘾，厉害，用实力说话，拿勇气说话……这些都指向一个精准的目标：雄心勃勃，不轻言放弃。就那么一瞬间，我仿佛看懂了满纸灿烂的《时尚芭莎》，那种骄傲的光芒，不再是浅薄，而是一种亮出自己的底气。同时看懂的，就是那些事业傲人的女子们的灿烂喜好了。作为旁观者，我甚至会为她们喝彩，尽管，这依旧不是我喜欢的，可也必须说一句：这很好看啊，贵气，质感，纸醉金迷里的正能量。

我宁愿爱这种纸醉金迷的正能量，也好过怯生生的文艺。后者显得太弱了，欲诉还休，欲拒还迎，差了多少磨炼、多少自我挑战？让自己硬着头皮上，在艰难中成就强悍，在杂音里照见自我，这才是该有的态度。

那么，为了心中的小野心，对自己狠一点，像当年的苏芒一样，勇敢，坚韧，屏蔽杂音。是的，要想做成事儿，是会遇到各种阻碍的，你要有屏蔽杂音的能力。随之而来的，心会变坚韧、变强悍，可你同时也会发现，自己变得越发像钻石了，钻石好坚硬啊，但它充满光芒。

你爱Miu Miu，爱Gucci，爱Chanel……都没有问题，请先把自己活成它们，和它们有着相似精神气质，气质搭上了，一切才和谐。我相信，爱芭莎风格的你们，也是和芭莎精神相契合的一群人。

不够从容，说明你遇的尴尬还不够多

和一位初识的朋友聊天。

那是个长得太美，以至于你很难想象她的本行是一单报价三十万起的平面设计师，也就是我们经常说的行业精英，最近她却在跨界开美容院，于是就有了我们的这次见面。

不知不觉间聊了很多新近遇到的困惑和尴尬。和大多主题会所一样，她也加入了组织派对的潮流，给自己的VIP会员办一场秀，想象中、听上去都是挺好的，画面应该很华丽，气氛应该很热络才对，可偏偏，事实并非如此。

没几个人参加，来的人，待了一会儿看没什么人气，也匆匆告辞了。你知道的，钢筋水泥都市里的人们，时不时还会摆出一副冷漠脸。

看着对面这位长发瘦削，穿一条藏蓝色复古连衣裙的美丽女子，不禁感叹：很多东西都是看上去很美，你看人家风光，看人家明丽，殊不知，背后面临过多少凶险挑战。

不禁有了种惺惺相惜之感，就和她分享了我的几段经历——作为一个爱攒局爱办小沙龙的人，作为一个时不时也需要去签名售书的人，一来二去遭遇的类似尴尬事儿。

某回，去北京，因是临时起义，和主办方那边的对接就很匆忙，主办方说在Page One做一场读书分享会，我带着自己的书前去，他们也特地邀请了一位当红的民谣歌手做嘉宾，可偏偏，到了现场才发现，只有一排排空座椅，以及前排三五个稀疏听众。

那是我第一次遭遇这样的事情，很尴尬……

主办方一个女孩不停地说着抱歉，看忙前忙后的她，看她联络到的主持人、分享嘉宾……大家都来了，那能怎么办呢？开始吧。

你能想象吗？在秋夜的大北京，在我很爱的书店里，和民谣嘉宾，和主持人，我们对着三五位听众，以及一排排空荡的桌椅，分享会如期开始，并且还持续了一个多小时。

这是我特别想与你分享的体验：当你的心思不是盯在那些尴尬事儿上，当你豁出去了，既来之则安之，真的会发生意料之外的化学反应。那一刻，我的心里升起一种前所未有的感受。是一种平静，还有勇敢直面尴尬带来的快乐，这不需要谦虚，那一刻我太佩服自己了，对着稀疏的听众，能够"自说自话"老半天，到最后竟还意犹未尽起来。

且你知道吗？就是这样的分享会，让我收获到一个新朋友，一位行事颇低调的画家、学者，邀请我去他后海的画室做客，最终，我们成了即便不在同一个城市，也相互关心的朋友。

接受所有的所有，当然包括这些叫人尴尬、难堪的场面，面对它们，任何的针锋相对都抵不过处之坦然、笑面相迎。

还有一次超尴尬的经历，发生在一次客串做主持的时候。这次不是三五个观众了，因到访嘉宾是国内红极一时的导演及主创团队，整个场子坐了大约一两百人，而我，是被女友提前一天拉来当志愿者的主持人。

我说：没看过对方的作品啊，也不了解他新出的书……没关系，没关系，书马上递给你。于是，我用了两个半天的时间读了对方的作品。当然，这样的临阵抱佛脚，我只能做到囫囵吞枣。

活动现场，有太多那位导演的铁杆粉丝，互动、提问动辄就回到这位导演的当年，而我，揣着自己临时看来的一些片段来主持，的确是心虚的。

假如那位导演是位和善的，或者脾气正常的人，我想，是不会有什么大问题的，可艺术家那种"眼里不揉沙子"的性情在他身上得到了充分的体现。我不是怪他脾气差，他发火我也是可以理解的，假如是我，或许也会不高兴吧，这里我想说的重点是，面对接下来发生的，你会怎样应对。

那天，就在有着几百号观众的台上，对方和我"掐"起来了。我说东，他说西，我说我的揣测，他说其实并没有这么想……更有一刻，某位粉丝提问，在等待回答的时候，导演直接说：你比主持人更了解……

同为创作者，我当然理解他的不快，我在他眼里显然是个差劲的、不专业的主持人。客串？不了解？不了解干吗来做主持呢？好的，这是我应该记住的教训，只是，已经被怼到这份儿上了，你会怎么办？

还是得硬着头皮上啊，我给自己的解决之道是，接受，自我打趣，同时，奉上诚恳：真是啊，我也觉得您该上台坐这个位子，让我好好听分享才对。

尴尬、下不来台真的是经常会发生的事情，这时候我们投以怎样的反应很关键。抗拒、抵触，可能这是很多强者的姿态，他们或许也因此赢了；可我不是，我选择接受，既来之则安之，哪怕被说在脸上，好啊，我孤陋寡闻了，愿闻其详。

神奇的是，靠着这样的态度走到现在，当我今天跟你说这些陈年往事的时候，我并没有丝毫的尴尬与心酸，反而感到一种发自内里的力量，好踏实啊，它们化作了一种神奇能量在保护着我，让我心安。

像我这种超爱面子的人，面对这种很没面子的事，接受，顺应，自然过渡，这很好使。随之而来的踏实，让我现在真的不再害怕诸如此类的尴尬了，甚至是，哪怕这尴尬来得再猛烈些，再换些花样，我还是那一句：放马过来吧。

还告诉你一点，那场叫我超尴尬的分享会结束后的第二天，我收到同时出席的另外一位嘉宾、国内某著名女作家的讯息：很欣赏，一见如故。

感慨又感动。做自己是值得的，接受洗礼也是值得的，上天眷顾每一位勇敢并真诚的人。

何必执念，不安才是生活的常态

经常把"安全感"挂在嘴边的时代，我不知道究竟有几个是会说自己安全感还不错的人，起码我的周围，那些表面光鲜的人们，很多内里都怀揣着一颗骚动的、惴惴不安的心。

这不禁让我想起五六年前，与美容院护理小妹的一段对话。

和你熟悉的很多美容院女孩一样，她们整天待在拉着窗帘、白天也像晚上的狭小空间里，给一位又一位的客人服务。

和我相熟的是一位东北来的"90后"女孩，当时大约二十岁的样子，人却极为成熟，和我说起家里催促结婚，说起想在本地找男朋友，说起如何如何帮衬弟弟妹妹……听她讲话，丝毫不像一个二十岁的女孩子。

我好奇地问：你眼里是不是就没有难解决的事儿？

嗯，我觉得不管什么事儿，总有解决的办法。

在那个昏暗的美容院单间里，心情烦乱的我，听到这句话，顿时觉得劲道十足、掷地有声。

我身边多少看上去很厉害的人都很难冲口说出这句话啊！当然了，你或许会说：小姑娘夸海口吧。我却不觉得，经常地，我会相信朴实的劳动者身上那股子天不怕地不怕的本色力量。

如今，我每月都会给自己制造下地亲近泥土的机会。那些照顾田园的工人，你看他们苍老的脸上绽放出来的质朴笑容，那是一种勃勃的生命力，是一种心安。没有什么拿捏，没有什么脆弱的瞻前顾后，就是实实在在的。

我一直深深记得当年听到这句话时我的心理反应。那种羡慕啊，溢于言表：是怎样一种经历，怎样一种思维架构，才使得女孩能够淡然说出上面那句话的。如今，很多年过去，我也算是感受过一些人、事、物了，虽然还不能像女孩那样说出那句话，起码，我也有些感知：很多事，的确是有办法解决的，不够强悍的我，各种不完美的我，也总能给自己找到拨云见日的通道。

是啊，这么不坚强、不够灵活，又充满执念的人，不也走到今天了吗？天没有塌下来，地球照样转，自己的状态比当初要好了很多很多，这一切说明什么？

很多时候，我们知道是自己庸人自扰了，却不能用这四个字来抚平心里的不安。敏感的人容易进入一套思考模式：发现不安，试图抵抗，但，越抵抗，越不安。

佛家的说法则是接受。当年延参法师很红的时候，他说的很多话，如今大都随风而逝了，却有一句被我清晰记得：接受所有的所有。

这句带着河南口音的话，饱含了多少大智慧：接受所有，无论好或者不好，通通都接受，这其中也包括自己的不安感。即便时常感受到不安，该做的事情总得继续做下去，而很神奇的一点是，你只要继续在做，就有守得云开见月明的时候，所谓的困难也就烟消云散了。

爱因斯坦曾经将人生比喻成骑自行车，要想保持平衡，你得继续前行。换句话说，你只要继续前行，生活也就自然平衡了。

事情是做出来的，有行动力了，很多焦虑就跟着变得淡然了。更何况，你有没有想过，我们一直追寻安全感，希望获取每时每刻的安全感，可现实却是，不安才是生活的常态。

就像是我们说的变化一样，我们被告知也逐渐体会到了，变化每天都在发生，不变是不可能的，既然要变，自然就会叫人不安啊。追寻所谓的安全感，就像在追求不变化的生活一样，只是一种妄念。

至于你说，真的很怕失去，真的很怕变得不好了，真的很怕坚持不住。可看看过往，很多东西对我们而言不都是原本没有后来有了？那么假如某天它又回归到没有的状态，又有什么不能接受的呢？爱情是这样，荣誉、金钱同样如此。

更加值得庆幸的是，这样的现实，不是你变成厉害的人，你就可以避免的。告别，是我们每个人都要经历的生命感受。你要感受，马化腾要感受，比尔盖茨也要感受……变化之下人人平等，我们能做的，就是面对诸多变化，你的态度如何，是接受还是不接受。

我们终将被抛弃，既然大家都如此，你还有什么不能接受的呢？

我们不谈情怀，我们谈状态

女孩L给我看新购的鞋子。是一双很文艺的Marni鞋，毛呢材质，水钻装点，看上去很可爱，又充满清晰可辨的艺术气息。

平日里我和她的喜好极其相似，经常是她选的东西我也一眼看中，这次，同样如此。这不禁让我想起前几天刚刚试过的一双鞋，湖蓝色，一侧是花朵，雍容中透出几分少女般的乖巧。

如今的一个潮流是：东西越做越可爱，女人越来越"少女"。一年前，我看到Dior"开满小花"的运动鞋还需要消化一下，如今，直接并轨了，我自己也渐渐从这些"少女风"中感到了一种别样的快乐。

这是极简基本款无法满足的快乐。有点脱离现实，有点浪漫主义，可偏偏就是这种不现实，让人好开心啊。造梦总是美好的，美好梦境带给你的可不只是虚幻，还有心头上实实在在升起的酣畅，用它来消解现实中的不美好，十之八九，就药到病除了。

曾经一度很不待见这些粉嫩可爱的物件，觉得穿着它们的人多少有点招摇过市的意思，显得十分浮浅。可后来一个偶然的机会，看到我的一位斯文优雅的女朋友，穿着简单的蓝衫白裤，脚上踩着那双Dior运动鞋，鞋头圆圆的，可爱至极，那一刻，我领悟到了"少女感"的妙处。毕竟，总是一副冷淡的、优雅的、克制的模样会无趣，就像一个永远不懂得放松下来的人，不懂幽默，不懂调侃，不懂自我解嘲……而那双开满花朵的鞋子，就是衣橱里的幽默分子，看上去它与三十多岁的年龄毫无关联，可恰恰正是这个年龄的女人，在有了足够的自信与阅历之后，穿起来，比二十几岁的少女更添一份别致的时髦韵味。

有勇气让自己穿出这种别致的时髦风，是一种很棒的体验。当你不约定俗成了，不谨小慎微了，人就会变得更有精气神儿，会感到有种笃定在体内，你甚至能嗅到一丝由这种笃定带来的"嚣张感"，闪亮、张扬，人也跟着透出不凡的味道来。

要尝试这种少女感，一个简便易行的方式，是用那些精致乖巧的小物件给自己做点缀，就像《蓝色大海的传说》里的全智贤，藏蓝色长大衣，惯常的大气冷淡风，而胸前的那只Loewe小象，为其注入点睛活力。真是看得叫人心痒啊，这种欢乐与松弛，是种高级的洋气劲儿，团结紧张严肃活泼。你说，假如我们能做到这种活泼，时尚造诣也就跟着升一级了吧？

这几日，我开始蠢蠢欲动给自己添新装，目光锁定在那些可爱的包包、鞋子上，还有那些灿烂的轻松休闲风的衣服，颜色要鲜艳明亮，造型要有一点点的可爱乖巧。爱笑的姑娘多好命，衣服穿出得体的喜悦感，人也会跟着开心起来。

很认同的一句话：我们不谈情怀，我们谈状态。情怀二字听起来太高远了，索性图个好状态吧，状态好了，一切就都好了，这话不虚。

与连衣裙相爱相杀

遥记得，最初买买买的日子，是从连衣裙开始的。连衣裙啊，优雅女人格调，从青涩少女一步跨到醉人熟女，总要由连衣裙证明的。

那种修身的、让身材凹凸有致的连衣裙，配合高跟鞋、精致的妆、迷人的香水味，就是一套的。而且，连衣裙真的无须动脑思考搭配，One Piece，职场可以穿，约会可以穿，派对可以穿，仿佛没有它搞不定的场合，最早的时尚启蒙，十有八九，我们都是从一条小黑裙，或者玛丽官裙开启的。

可到了后来，无须动脑搭配的这个优点，也逐渐变成乏味的一条，成

为我们不太爱连衣裙的理由了，觉得它太传统，没意思，简单好看的东西，缺少创造性，没趣味，于是和连衣裙渐行渐远。选得多的，反而是需要仔细琢磨搭配的铅笔裙、伞裙、鱼尾裙，连衣裙因它的"无变化"而被冷落了。

可事情往往是兜兜转转一圈，回头再看，就重又看到价值，看到那更深一层的闪耀。比如在重要场合，一条零技巧的连衣裙就是比各种搭配花样要大气，一条零技巧的连衣裙就是对衣主人实力的彰显，你的腰部是否有小赘肉，你的胳膊是否松松垮垮有蝴蝶袖，你的胸是否挺拔，臀是否结实……在玩过各种穿搭游戏之后，蓦

然回首才发现，所谓四两拨千斤、无招胜有招的零技巧连衣裙，才是真的王者，而能将连衣裙穿得美妙的女人，自然是女神。

你要有一条Diane Von Furstenberg那样的修身优雅女人裙，参加派对，或者女友下午茶都可以，柔软中的大气时髦，是男女都爱的尺度；你要有一条合体的理性与感性兼备的职业连衣裙，游走职场，穿在风衣或者小西装里面，专业人士的专业态度，在连衣裙的尺寸拿捏间显现；你要有一条宽松的、看不出身形的真丝长袍，优哉游哉的时候，拖着人字拖、平底鞋，闲适午后，煦暖阳光，穿着它回归真实自我。

用连衣裙撑起整个衣橱，不是没有可能的，洗尽铅华之后，会真正捕捉到连衣裙的好，也由此知道了，自己不能懈怠偷懒，不能靠遮遮掩掩来护体，你能穿得下宽袍大袖，你也要能穿得起前凸后翘，做女神，是要可攻可守的。

图书在版编目（CIP）数据

今天穿什么 / 阿丫著. —
北京 ： 北京时代华文书局，
2018.9
ISBN 978-7-5699-2519-7

Ⅰ. ①今… Ⅱ. ①阿…
Ⅲ. ①服饰美学—通俗读物
Ⅳ. ① TS941.11-49

中国版本图书馆CIP数据核
字（2018）第 164753 号

今 天 穿 什 么
JINTIAN CHUAN SHENME

著　者	阿　丫
出 版 人	王训海
图书监制	陈丽杰工作室
选题策划	门外风景
责任编辑	陈丽杰　汪亚云
封面设计	王　烁
版式设计	段文辉
责任印制	刘　银　范玉洁

出版发行｜北京时代华文书局 http://www.bjsdsj.com.cn
　　　　　北京市东城区安定门外大街 138 号皇城国际大厦 A 座 8 楼
　　　　　邮编：100011　电话：010-64267955　64267677

印　　刷｜固安县京平诚乾印刷有限公司　电话：0316-6170166
　　　　　（如发现印装质量问题，请与印刷厂联系调换）

开　　本｜880mm×1230mm　1/32
印　　张｜6.5
字　　数｜153 千字
版　　次｜2019 年 3 月第 1 版
印　　次｜2019 年 3 月第 1 次印刷
书　　号｜ISBN 978-7-5699-2519-7
定　　价｜45.00 元

今天穿什么
JINTIAN CHUAN SHENME